對ADKAR的讚揚

「這是執行官和各管理階層『必讀』的一本書。ADKAR 模型很清楚的解釋為什麼有時變革非常成功；但有時卻徹底失敗。本書提供了一個簡單而且有效的模型，遵循這個模型有利於將實施變革專案的風險最小化。」

傑夫・藍道（Jeffrey A. Randall）博士，PMP
CACI 國際公司（CACI International Inc.）

「變革經常是個複雜而且困難的過程。ADKAR 模型讓每個人都可以輕易理解甚至樂在其中。本書是業務領導者和專案經理的寶貴資源，是所有規模和類型的專案都可以有效應用的變革管理技術。」

羅立・巴克藍（Lori Bocklund）
總裁，策略聯絡公司 （Strategic Contact，Inc.）

「假如你正在尋找一個易於掌握和應用的變革管理方法論，那就是這本書了。我發現 ADKAR 是一個健全且可以應用在各種組織環境中的變革模型。ADKAR 不是一個時尚或流行的用語，但對於任何想要實施變革的組織來說卻是一條確實可行的途徑。」

拉呼・佘（Rahul Sur），管理諮詢主管和學習協調員

「ADKAR 對變革管理知識體系是強而有力的加分。」

馬格麗特・普羅帕（Margaret Poropat）
澳洲公路部（Department of Main Roads），澳洲

「橫跨文字理論和實作的變革領先者，【ADKAR】是最佳實踐的集合體。」

喜爾登・布朗（Sheldon Brown）
專業發展主任
領導力和組織發展中心，北大西洋學院

「所有的案例都精彩的闡釋 – 完美結合了成功的變革管理工作概念和如何實施這些概念的實用建議。」

劉・羅伯特（Lou Roberts）
克里斯騰勝/羅伯特解決方案公司（Christensen/Roberts Solutions）

「對於主管、經理和人力資源部門來說，本書提供了寶貴的訊息。假如本書被商業界的每個公司應用到極致，將會創造出越來越多人們願意為之工作的公司。」

芭比・波羅（Bobbi De Bono）
克萊費德勒（KLEINFELDER）

「ADKAR 滿足了職場上各種客戶對洞察『人員方面變革』的強烈需求。其中一大部分客戶知道他們想要改變什麼，但還沒有（或不）花時間，也沒有經過深思熟慮的過程來弄清楚如何讓變革成功。」

菲爾·哈頓（Phil Harnden），博士
英聯邦高效能組織中心（Commonwealth Centers for High Performance Organizations）

「策略運用和案例研究的結合，讓這本書的內容更具說服力，這比單純閱讀理論來得更有效。我對於本書的應用給予高度的評價。」

布萊恩·巴尼斯（Brian Barnes），商學碩士、專案管理師、
資深經理、軟體驗證
BIOSITE

「ADKAR 對於一個新手來說非常簡單且容易上手；對專家來說也足夠全面。我曾經把這模型同時應用在小型且受控和大型、多地點、組織層級的變革專案，ADKAR 模型有效且萬無一失。我強力推薦這本書，尤其是這個模型給所有人。」

麗塔·威爾金（Rita Wilkins），MSMOB 計畫照顧主任
雷克郡健康部門和社區照護中心

「ADKAR 是一個用來觀察和影響變革的『全新透鏡』。」

蓋瑞・理昂（Gary Lyon），艾斯蘭德公司（Ashland，Inc.）

「ADKAR 模型讓變革管理變得容易理解和實用。」

法蘭克・皮卓克（Frank Petrock），博士
LEAD 機構/通用系統顧問公司（The LEAD Institute/General Systems Consulting）

「ADKAR 是個無論在個人或工作上都能深刻改變你和其他人互動方式的概念之一。傑夫・海亞特（Jeff Hiatt）根據大量的研究結果建構了 ADKAR 模型當做變革的架構，並且提供了簡單、高效的工具和技術以應對變革挑戰。」

詹姆士・斯奈保（James J. Schnaible）
美國新墨西哥州阿爾伯克基市

「管理變革需要變革管理者的新思維；新思維引導出新的變革模型；新的變革模型需要有組織的基礎架構和工具，以便順利實施所需的變革。而 ADKAR 模型涵蓋了以上全部。」

艾瑞克・葛蘭（Eric Graham），博士
ETAS（WA）PTY LTD，創立於 1967 年的培訓機構

「我發現這本書對於個人變革方法是一個非常優秀的對話 —— 個有邏輯方法論的變革藝術。對於專業從業人員，ADKAR 在方法論和變革工具實務的應用中取得了一個平衡。」

里克・尼寶（Rick Kneebone）
全球變革專案經理
莫森庫爾斯釀酒公司（Molson Coors Brewing Company）

ADKAR: 一個應用在企業、政府和我們社群的變革模型

如何在我們個人生活及職業生涯中成功的實施變革

作　　者 / 傑夫·海亞特 （Jeffrey M. Hiatt）
譯　　者 / 高裕翔
美術設計 / 拉里·威爾遜（Larry Wilson）
校　　對 / 蔡明志、劉冉冉、陳鴻達
出 版 者 / 華茂科技股份有限公司
地　　址 / 330 桃園市桃園區復興路 207 號 16 樓之 2
電　　話 / 03 3366369
讀者服務 / 03 3366369

2022 年 11 月初版一刷
ADKAR: A MODEL FOR CHANGE IN BUSINESS, GOVERNMENT AND OUR
COMMUNITY

PROSCI RESEARCH
1367 S. GARFIELD AVENUE
LOVELAND, COLORADO 80537 USA
(970) 203-9332

定價 360 元
Printed in Taiwan

傑夫・海亞特（Jeffrey M. Hiatt）

ADKAR:一個應用在企業、政府和我們社群的變革模型

Prosci 學習中心出版品

美國科羅拉多州拉夫蘭市

翻譯：高裕翔 博士
校稿：蔡明志 博士、劉冉冉 博士、陳鴻達

獻給瑪莉、保羅和安娜

致謝

當一個模型和一本書的開發花費了超過十年的時間時,要感謝曾經貢獻的人們完成了一個重要且困難的任務。因為有了同事、客戶和好朋友提供他們的見解、故事及個人證言,這本書才得以完成,我感謝這些人的貢獻。列出的人名沒有特別的排序,我希望沒有遺漏掉任何人。

在寫本文之前,Prosci 對變革管理進行了八年的研究期間,Alice Starzinski、Dave Trimble、Jennifer Brown、Neil Cameron、Jennifer Waymire、Kathryn Love、Adrienne Boyd、Becky Fiscus、Kate Breen 從眾多的組織蒐集和分析資料;Tim Creasey 是一位變革管理的思想領袖和研究先驅;Kathy Spencer、James Pyott 和 Jenny Meadows 辛苦的整理本書的架構和順序;J.J. Johnson 是一位說故事高手;Tara Spencer 是這個模型的傳道者;Marisa Pisaneschi 和 Maggie Trujillo 是我們對客戶的發言人;Kirk Sievert、Gene Sherman 和 Jim Simpson 幫助我以新的方式應用這個模型;Jeanenne LaMarsh 提供火種,讓「管理人員變革」變成分析工程師的熱情; Lori Bocklund、James Schnaible、Phil Harnden 博士和 Frank Petrock 博士不只是對書籍做了最後的審查,還補充了基礎的概念以及改善整體內容;Herb Burton 是我長期的導師,也是最完美的智囊團。

超過 60 個人參與本書最後的校稿,要感謝你們每一個人所投入的時間和精力。

傑夫

前言

這段前言嘗試來回答以下問題:「為什麼我要讀這本書?」和「對我有什麼影響(WIIFM – What's In It For Me)?」。對於企業和政府的領導人,管理變革的挑戰和需求從未停止,風險很高,壓力也很大。我們在變革管理學習中心處理來自數百個組織的大量標竿數據(benchmarking data)及每週與專案領導人進行的對談,許多新的管理變革技術因此產生。ADKAR 模型提供了一個融合了現代和傳統管理變革方法的主要架構,有助於我們診斷失敗的變革。

近 20 年來,我既是貝爾實驗室的工程師又在許多公司擔任專案領導人,親自參與過大規模的流程、系統和組織的變革。我參與變革的經驗中成功和失敗參半。常見的專案失敗場景是人們對變革的抗拒,就如同我一位同事常常開玩笑的說:「假如沒有人的因素,所有的變革都能順利進行」。

我越是沈浸在變革管理領域研究關於抵制的議題,問題就變得越複雜。有人會說工程師都是相當優秀的問題解決者,然而他們的解決方案卻難以理解。在大學和研究所的工程學院學習了將

近八年之後，我驚訝的發現最具挑戰的問題都圍繞在人的身上而不是事情本身。

　　ADKAR 模型的催化劑是對眾多的管理顧問和創始人所提出的變革管理方法的回應，這些方法著重在管理變革的許多活動，包括評估、溝通、培訓和輔導等等。我反覆思考了很久，這些變革管理活動當然不是專案的終點，從企業的觀點來看，我經常因為這些活動沒有產生應有的最終結果而感到困擾。

　　這種對結果的專注最終促成 ADKAR 模型的誕生。每當我聽到另一種變革管理策略或方法時，我就開始問「為什麼？」。也就是說，「你為什麼要做這件事？」，還有「你期望的結果是什麼？」。例如，溝通常被當作變革管理的基本要素。為什麼？溝通的其中一個目的是建立對變革需求的認知，並與員工分享為什麼變革正在發生。員工想要了解變革的本質，還有不變革的風險，這就會引導到 ADKAR 模型第一個的元素：**認知**（awareness）。

　　藉由檢視大量的變革管理活動，並且與期望的結果比對，我推導出一個相當簡單的模型，這個模型由變革的五個基石組成：認知（awareness）、渴望（desire）、知識（knowledge）、能力（ability）和鞏固（reinforcement）。早期我在起草這個模型時，有些名詞後來做了調整。例如，我曾掙扎在**渴望**（Desire）和**動機**（Motivation）這兩個術語的選擇，最終用了渴望（Desire）。因為我的研究顯示動機僅是用來創造對變革渴望的一個因素。在第一次分析中，這個模型符了合我的「工程學」規範：ADKAR 模型很簡單，而且對不同的變革管理策略和方法都能識別出所期望的成果。我在 IT 領域工作了 20 年，IT 專案經常關注技術組件，Prosci 幫助我們更有意識地理解和解決我們的 IT 專案將對每個人產生的

影響。

　　變革管理學習中心開始研究 ADKAR 時，把它當作一個變革模型，我們研究越深入就越相信用這個簡單的模型來管理變革，對於新的變革領導者的學習和變革管理活動的有效應用都至關重要。我們從眾多專案團隊的研究資料中尋找對於 ADKAR 的支持，當我們開始在報告和出版品中分享我們的標竿數據後，越來越多人開始對這個模型感到興趣。

　　最近我們把 ADKAR 加入變革管理的培訓課程中。在三天的培訓課程裡，雖然僅花了很短的時間介紹這個模型，但整個培訓課程的回饋表中最常被引用的重點內容就是 ADKAR。在課程中我常常問學員，為什麼他們會被 ADKAR 吸引？回答幾乎都很一致：「因為它是成果導向的，並且非常容易應用在不同的變革環境中。」

　　在過去的幾年中，變革管理學習中心最熱門的模型就是 ADKAR。這個模型已經被眾多財富雜誌《Fortune》排名前 100 大的企業、美國國防部、全世界的其他政府機構所採用。許多公司為管理人員提供變革管理培訓時都選擇這個模型作為在變革期間人員層面變革的主要工具。

　　當時和現在我都沒有把這個模型視為一個突破，而是當作一個架構來了解，並且應用這些方法來管理變革。ADKAR 是一個變革的視角，它讓其他的變革管理策略有重點和方向。我非常讚賞如威廉·布里奇斯（William Bridges）、約翰·科特（John Kotter）、戴露·康納（Daryl Conner）、大衛·麥克利蘭（David McClelland）、法蘭克·派特洛克（Frank Petrock）、彼得·布洛克（Peter Block）、珍蓮娜·拉馬什（Jeanenne LaMarsh）、派翠克·都蘭（Patrick Dolan）、理查·貝克哈德（Richard Beckhard）和魯

本‧哈里斯（Reuben T. Harris）這些創作與實踐者，他們的著作和現實生活經驗已經深刻影響我對變革管理的認知和觀點。

這本書是 ADKAR 模型的正式發表。除了介紹 ADKAR 模型，我還會嘗試用這個模型回答三個有關於變革的基本問題：

- 為什麼有些變革成功，有些卻失敗？

- 我們如何才能理解管理變革的許多方法與策略？

- 我們如何在個人生活或職涯中成功領導變革？

變革管理學習中心的員工貢獻了許多案例分析、研究成果和觀點，希望能使這本書更引人入勝並適用於你的工作和生活中。

ADKAR: 一個應用在企業、政府和我們社群的變革模型

目錄

第一章
ADKAR: 概述

為什麼有些變革成功，有些卻失敗？經過深入研究數百個組織所進行的重大變革，我發現變革失敗的根本原因不能僅歸咎於不適當的溝通或培訓不足。僅靠出色的專案管理、對問題有遠見或最好的解決方案都不一定能讓變革專案成功。成功變革的秘訣超越變革周遭可見和繁忙的活動。成功變革的核心紮根於更簡單的事情：如何推動一個人的變革。

本書所介紹的 ADKAR 模型是一個用來了解在個人層面變革的架構。這個模型也可以延伸指引企業、政府和社群可以如何提高其變革成功實施的可能性。

如圖 1-1 所顯示，ADKAR 模型有五個元素或目標。可將這些元素視為可堆疊的積木，所有五個元素都必須到位才能夠實現變革。

ADKAR模型

A **認知**到變革的必要性
(Awareness)

D **渴望**參與並支持變革
(Desire)

K 具備如何變革的**知識**
(Knowledge)

A 具備實施新技能和行為的**能力**
(Ability)

R **鞏固**以維持變革成果
(Reinforcement)

圖 1-1 ADKAR 模型

認知（Awareness）代表一個人對於變革本質的理解。為什麼變革正在發生，不變革的風險是什麼。認知也包含建立變革需求的內部和外部驅動力以及「對我有什麼影響（WIIFM – what's in it for me）」的相關資訊。

渴望（Desire）代表支持和參與變革的意願。渴望最終是個人的選擇，它被變革的本質、個人的情況以及每個人獨特的內在動機所影響。

知識（Knowledge）代表變革所需要具備的資訊、教育和訓練。知識包含有關實施變革所需的行為、流程、工具、系統、技能、工作角色和技術等資訊。

能力（Ability）代表了能實現或執行變革。能力是將知識轉化為行動，當一個人或一個群體能在所需要的績效水平上展示實施變革的能力時，這個目標就達成了。

鞏固（Reinforcement）代表維持變革的內部和外部因素。外部的鞏固因素可能包括結合實現變革相關的表揚、獎勵和慶祝活動；內部的鞏固因素可能是對個人成就的內在滿足感或個人從變革中所獲得的其他好處。

ADKAR 模型的元素是一個人如何經歷變革的自然順序。**渴望**不會在**認知**之前發生，因為認知到變革的必要性會刺激我們對變革的渴望，或觸發我們對這個變革的抵制。**知識**也不會在**渴望**之前發生，因為我們不會去尋求我們不想做的事情的方法。**能力**不會在**知識**之前發生，因為我們無法執行我們不知道的事。**鞏固**不會在**能力**之前發生，因為我們只能表揚和讚賞那些已經取得的成就。

ADKAR 的生命週期從確定變革之後開始。從這個起始點，這個模型提供了一個管理人員變革的架構和順序。ADKAR 在職場上為變革管理活動提供了堅實的基礎，包含了事前評估、倡議、溝通、輔導、培訓、表揚和阻力管理等。

第二章到第七章將介紹模型中的每個元素，包含案例研究範例。模型的基礎建立起來後，第八章到第十四章提供了實現模型中每個元素的具體策略和戰術。

第二章

認知

實現變革的第一步就是能**認知**（Awareness）到變革的必要性。認知是 ADKAR 模型的第一個元素，當一個人感知並了解變革的本質、為什麼變革是必要的以及不變革的風險時，即取得認知。

　　非洲迦納的鳳梨種植者抵制實行作物種植的實踐準則。實踐準則是用來改善整體產品健康、安全的作物種植技術、方法和相關的流程。認知的推廣活動從通知這些種植者，說明有些國家不會購買沒有遵守實踐準則的農產品開始。事實上，像英國超市這種大買家會把實踐準則做為交易的前提。迦納的農夫了解到其他有遵守實踐準則的農夫，因為減少殺蟲劑的使用而降低了成本，加上英國超市對於這些農夫來說是一個巨大的商業機會，因此這個推廣活動就能很有效率的推行。認知的建立著重在盈利能力，以及如果不進行改變就無法進入某一些市場的風險。建立對變革必要性的認知是實現變革的第一步。[1]

　　滿足人們理解「為什麼」的需求是管理變革的一個關鍵因

4

素。當發生變革的第一個證據出現時，人們會開始搜尋這些資訊。當變革發生在職場時，員工會問他們的同事、主管和朋友：

為什麼這個變革是必要的？

為什麼這個變革現在發生？

我們現在做的事情哪裡有問題？

假如我們不改變的話，會產生什麼後果？

　　一份在 2005 年針對 411 家公司正在進行的重大變革專案的研究報告顯示，抵制變革首要原因就是缺乏認知，不知道為什麼要進行變革。[2] 依據那些重大變革專案的專案經理陳述，員工和管理者同樣都想知道變革的業務原因，如此他們可以對變革有更好的認知和理解，並調整自己與企業保持一致的方向。當被問及與員工分享哪些資訊是最重要的，專案經理表示：

溝通變革的業務需求，並解釋為什麼變革是必要的；
提供令人信服的變革原因，並強調不進行變革的風險。

　　然而，有些管理者認為員工不需要知道每個變革背後的原因。他們的立場是認為員工乃因執行工作而獲得報酬，若工作內容必須改變，員工就只需要執行那些新任務，而不是問「為什麼」需要改變。
　　不論是環境或雙方約定，當一個組織對員工的行為和選擇具

有高度控制力時，以上觀點可能不會是變革的障礙。例如，醫療急救人員和消防隊員已經建立了協定和明確的指揮鏈。在緊急狀況下需要他們改變他們的應對措施時，急救人員是不會停下來問「為什麼」。同樣的，士兵在危急的狀況下值勤時，軍隊中長期遵守命令的本質讓他們快速服從改變。然而，這些特殊和時間緊迫的狀況大多數是例外而非規則。

在許多高效率的工作環境中，組織對個人日常工作的控制卻很低。例如，製造業的員工用六個標準差技術進行每天的工作流程改進。這些員工對工作成果和相關的程序有擁有權，他們承擔自己工作成果的責任。在這個情況之下，組織對於這些員工日常工作的控制程度較低，當上層強制要求進行變革時，這些員工首先會詢問「為什麼要進行這個改變？」。

組織對於那些專業人員日常工作的控制程度甚至更低。資訊時代為公司帶來更多受教育的和移動式工作的員工，當他們不了解或不同意這些變革的理由時，他們就會在組織內對變革產生巨大的阻力和障礙。

嘗試在公眾群體中實施變革的組織或個人將會面臨更大的挑戰，因為組織對於公眾群體幾乎沒有控制力。澳洲新南威爾士州的州緊急服務單位試圖改變公眾應對風暴災害的準備程度，他們要減輕災難的影響，包括生命的損失和風暴相關的成本，洪水和風暴導致的損失每年超過 2 億美元。州緊急服務單位把建立認知當成實施變革的第一個策略，他們使用了大規模的公眾資訊管道，包括宣傳手冊、電台廣播和報紙訪問，舉辦特別的社區活動來紀念那些讓人記憶深刻且悲慘的災難，以提升對潛在威脅的認知，

其目標是要讓一般大眾充分認知到地方層級將採取行動來為災害做好準備。藉由實施這個變革，人員的傷亡和重大水患及風暴相關的成本將可以減少。[3]

　　尋求推動環境議題變革的組織也面臨類似的挑戰。奧地利格拉茨市的政府官員提供了一個絕佳案例，通過對他們無法直接控制的受眾建立認知來實現變革。他們活動的目標是藉由提高對於汽車污染排放的認知來促進購買低排放汽車和搭乘替代大眾運輸工具。這個活動主要內容是降低低排放車輛包括混合動力和電動車的停車費率。這個概念很簡單：這些車種需要付的停車費較低，政府提供一個特殊的停車貼紙給低排放的車輛，讓一般大眾很清楚的知道什麼車種有資格得到優惠，不只是停車費率較低，這些車輛也被清楚的標示出來。其影響是提升了一般大眾對排放問題的認知，並讓他們知道可以購買哪種車輛來協助解決這個問題。[4]

　　一個類似的案例是美國環境保護機構（EPA－US Enviornmental Protection Agency）長期以來一直努力於解決大眾廢棄電腦的處置問題。EPA 估計每年有大約 8 千萬台電腦被丟棄，這對垃圾掩埋場造成非常大的影響，尤其是那些含鉛的電腦螢幕。為了引起大眾對這問題的認知，並啟動回收電腦硬體的變革，EPA 與戴爾公司簽訂了合約，在合約期間向戴爾公司租用 10 萬台電腦，並讓戴爾成為 EPA 電腦回收服務的主要提供商。在這個角色中，戴爾是個人電腦設備的主要製造者，它將協助 EPA 解決垃圾掩埋場面臨的主要問題。戴爾資產回收服務部門的一位資深經理提到，「在建立認知和足夠的計劃來解決回收的議題上，我們還有很長的路要走。」[5]

在這個案例中，EPA 利用他們的採購權經由戴爾公司來開啟對大眾的溝通管道。經由這筆交易，EPA 提高了大眾對於電腦硬體對垃圾掩埋場影響的認知，並在建立認知的過程中得到戴爾公司的支持。

建立變革需求的認知需要解決以下幾個部分：

- 變革的本質是什麼，以及如何使變革和組織的願景一致？

- 為什麼現在要進行變革，而不變革的風險是什麼？

- 變革如何影響我們的組織或我們的社群？

- 變革對我有什麼影響（WIIFM – What's In It For Me）？

基於這些簡單明瞭的主題清單，建立認知只是一個有效溝通的問題嗎？在多數情形下，這個答案是否定的。如圖 2-1 所示，許多因素影響員工能否迅速地認知變革的必要性，這些因素包含：

因素 1 – 個人對於現狀的觀點

因素 2 – 個人如何察覺問題

因素 3 – 訊息發送者的信用

因素 4 – 錯誤訊息或謠言的傳播

因素 5 – 變革理由的爭議性

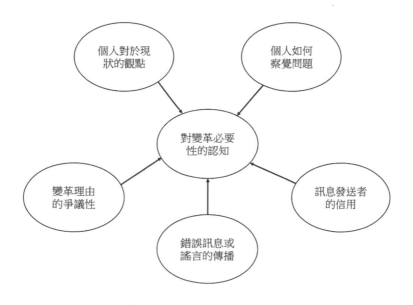

圖 2-1 影響認知變革必要性的因素

　　以上的每個因素都直接影響到是否能成功建立對變革必要性的認知。

因素 1－個人對於現狀的觀點

　　對那些強烈安於現狀或曾投入大量時間、精力或金錢在現狀的個人來說，他們剛開始可能會藉由否認變革的理由，或是詆毀這些理由以利於維持現有的狀態。

假如東西沒有壞，就不需要修理

從我加入公司到現在已經很久一直都這麼做

我們現在做的事情有什麼問題？

另一方面，強烈反對當前狀態的人可能會抓住變革的理由作為他們認為需要變革的進一步證據。

我很早之前就告訴你變革是必要的

是時候有人聽我的話了

當一個人不滿意當前狀態時，他們可能會用認知訊息去合理化過去的立場，即使這與進行中的變革不相關。人們對認知訊息如何反應，以及他們最終表達抗拒的程度，與他們對自己當前狀態的感受有密切關聯。當他們感覺當前狀態越是舒適而且也曾大量投入過精力，他們就可能越有忽略或詆毀變革的理由；相反的，他們對當前狀態越不滿意，他們就越有可能傾聽，並且從內心認同變革的理由。

因素 2 – 個人如何察覺問題

第二個因素與一個人的認知風格及他們如何在他們當前的認知背景下吸收新的資訊。麥可・基頓（Michael J. Kirton）博士，在

他的《適應創新（Adaption-Innovation）》一書中寫了兩種關於企業管理者的認知風格，一種是**適應風格**，另一種是**創新風格**。[6] 他提到：

適應者（譯者註：就是有適應風格的企業管理者）更容易預期來自系統內部的挑戰和威脅（通常是有發明、適時、節約計畫、縮小經營規模等等）；然而創新者（譯者註：就是有創新風格的管理者）更容易預期從外面來的機會或威脅，例如品味和市場改變的早期跡象或還沒有完全開發的重大技術進步。

換句話說，**適應風格**的員工會更能意識到內部威脅；而**創新風格**的員工會更意識到外部的變革驅動力。基頓繼續說道：

研究指出每位管理者不僅傾向於忽略被別人發現的一些線索，而且還感覺其他人的警告使人厭煩，並干擾了「真正的問題」（即他們清楚看到的問題）。

這個「風格」的因素與個人**如何**處理問題以及內化和評估需要變革的警告有關。我們每個人都有自己處理資訊和解決問題的方式，也都用自己的方式和步調來處理事情，「風格」因素代表廣泛而籠統的溝通，不一定可以建立對變革必要性的認知。例如，著重於來自**內部**系統威脅的認知訊息可能會錯過基頓的**創新者**；而那些著重在**外部**的線索的訊息可能刺激基頓的**適應者**。

因素 3－訊息發送者的信用

　　認知訊息發送者的信用會直接影響個人如何內化這個訊息。根據對訊息發送者的信任和尊敬程度，訊息接收者會決定將訊息發送者視為可靠的訊息來源或不可相信的人。

　　在職場上，員工對於圍繞變革的溝通有特定的期望。員工期望『**為什麼**會發生變革及變革如何與企業策略保持一致』能從最接近或位在組織高層的人來傳達；有關『變革**如何**影響當地員工及變革可能如何影響他們個人』的訊息，則期望從他們的直接主管那裡得到。[7]

　　人們同時也會根據組織過去變革歷史的記錄來衡量訊息。假如組織有假警報或變革失敗的歷史，即使這是一個真正的威脅，他們也會傾向於忽略新的資訊。例如，在澳洲新南威爾士州的城市社區經常面臨風暴危害的案例，假如先前兩三個警告都變成假警報，居民可能就不會關注認知的訊息。

　　不管變革原因的真正本質是什麼，對訊息發送者信用的觀感會大幅影響一個人去認可這些認知訊息的意願。在某些狀況下人們會不相信這些變革的理由，或根本不會認真看待。

因素 4－錯誤訊息和謠言的傳播

　　第四個因素涉及私底下是否存在扭曲或不正確的訊息。例如，假設企業管理者對變革相關的訊息有所保留，並且謠言已在員工間傳播，這些謠言可能會掩蓋事實，並對建立認知產生障

礙。員工可能難以把真實的訊息從假造和扭曲的訊息中篩選出來,而且員工很可能會選擇聽信謠言而不相信自己的主管,這時主管就需要花費比一開始就溝通正確訊息更多的時間和精力來糾正這些錯誤訊息。

因素 5 – 變革理由的爭議性

最後一個影響認知建立的因素是變革理由的爭議性。有些變革具有很難辯駁的外在且可觀察的理由。這些情況最常出現在對外部事件或趨勢的反應、或是被組織外的力量所驅動的變革中。

例如,核電廠遵守新的核廢料處理規章就是一個具有外在驅動力的變革。**為什麼**需要變革的理由是遵守新的法律,不改變的**風險**包括增加費用或罰款。另一個例子是:一個公司以改變它們提供的產品或服務來因應市佔率和營收的下滑。這個變革的理由是外部的(市場驅動)並且是可以觀察得到的,不改變的潛在風險就是被迫縮小經營規模、失去商機或可能破產倒閉。

外部的驅動因素並不總是足夠,有關降低溫室氣體排放的《京都議定書》的爭議就證明了這一點。冰川退縮和海洋表面溫度上升等可見的證據引發人類活動對全球氣候影響議題的爭論。關於這些氣候趨勢是受工業活動還是長期氣候週期的影響引發了爭議。換句話說,一個反對這個協議的個人或群體會引用無數不同方向的科學證據去爭辯變革的理由。關於京都協議的問題,1990 年代末期美國政府的立場是質疑溫室氣體對大規模氣候變遷的影響程度。在這個例子中,認知受到對變革理由爭議性的影

響。

現在來談變革原因是內部需求導向而沒有任何外部驅動力的變革。例如，一家大型的公共事業公司計劃輪調不同職能的高階管理人員。客戶服務部門的副總裁將成為銷售部門副總裁，銷售部門副總裁將成為人力資源部門副總裁，依此類推。這個變革的理由包括為每個部門引入新的領導風格、強化決策者的專業發展和增加部門間的協力效應。請注意在一開始審視這個變革的理由時是令人信服的，也請注意，它們不是被外部且可觀察的力量所驅動的。最終結果理性的人可能會質疑這個變革的依據。一位具備有效領導風格，同時部門業務經營最好的副總裁，可能會答應輪調；另一位執行官可能會反駁，因為他正在其領域倡議一個重大的變革，這個輪調將會破壞這個倡議的成功。

爭議性的議題會造成變革的障礙。假如變革的理由是有爭議的，就需要比較長的時間來建立對變革的認知；有些狀況下，人們可能不會接受這些變革的理由。

結論

實現變革的第一步就是建立對變革必要性的**認知**。以下的因素會影響在變革中個人建立認知的過程：

- 對認知（Awareness）訊息的接受，深深受到個人對當前狀態看法的影響。那些已經投入大量精力於當前狀態的人可能會懷疑或否定變革的理由。

- 個人的認知風格會影響他們如何感受變革的必要性以及他們如何解決問題；有些人可能已經看到變革的需求，其他人則可能措手不及。

- 認知訊息發送者的信用和組織過去應對變革的歷史，對認知訊息是否被信任和接受有重大影響。

- 出現錯誤資訊的私下交談或宣傳，可能會影響建立變革必要性認知的工作；在某些狀況下，克服錯誤資訊是變革的主要障礙。

- 當外部和可觀察的驅動力出現時，就更容易去建立對變革必要性的認知；由內部或有爭議的理由所驅動的變革在建立認知時會面臨更多的挑戰。

認知是 ADKAR 模型的第一個目標。建立認知能令個人對變革做出的選擇奠定基礎。那麼**渴望**參與變革呢？對變革的必要性有足夠的認知就能夠創造對變革的渴望嗎?

第三章

渴望

渴望（Desire）是 ADKAR 模型的第二個元素，它代表支持和參與變革的動機和最終的選擇。創造渴望是一項挑戰，部分的原因是因為我們對其他人的選擇控制有限。與建立認知不同，我們可以採取明確的步驟來建立對變革必要性的認知，然而創造對變革的渴望依然是困難的，而且根據定義，這不在我們的直接控制中。

例如，非洲迦納的鳳梨種植者不能被強迫去遵守實踐準則，但是可以讓他們意識到潛在的後果和利益，以便他們可以做出最佳的商業決策。葛拉茨市透過降低停車費的活動，讓人們注意到特定車種產生的空氣汙染較低，但那不意味著他們就會因此急於去購買新的混合動力車。根據 EPA 和戴爾公司的合作計畫，人們可能會注意到自己的個人電腦螢幕含有一些鉛，但卻可能不願意將自己的舊電腦送回收。認知使人們開始評估變革的進程，但是不一定會產生對變革的渴望。

同樣的，在職場上，管理者可以開發新流程、工具和組織架

16

構，他們可以為組織購買新技術以推廣新的價值，然而他們卻不能強迫員工去支持並且參與這些變革。

　　許多企業領導人經常犯的錯誤是假設在建立對變革必要性的**認知**時，他們同時也創造了**渴望**。員工對變革的抗拒常常令他們驚訝，他們還發現自己並沒有準備好應對員工抗拒的阻力。理解影響個人渴望變革的潛在因素是完成 ADKAR 模型中渴望元素很重要的第一步。圖 3-1 說明讓個人或群體渴望變革的四個主要因素：

因素 1 – 變革的本質（這變革是什麼？對他們有什麼影響？）

因素 2 – 變革的**組織或環境背景**（對組織的觀感）

因素 3 – **個人的私人狀況**

因素 4 – 什麼**激勵了他們**（每個個人內在動機都是獨特的）

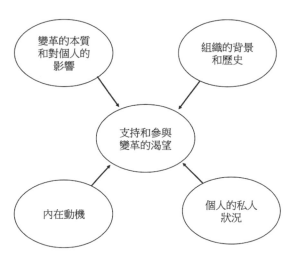

圖 3-1 影響支持和參與變革渴望的因素

17

因素 1 – 變革的本質和對個人的影響（WIIFM）

當一個人或群體以不同的角度**評估**「這變革是什麼？」、「這變革會如何影響我？」等**變革的本質時**，通常是用「對我有什麼影響？（What's in it for me?）」或 WIIFM 來表示。他們會據此決定變革代表的是機會還是威脅，也可能會評估這個變革如何公平的配置在每個人或群體上。假如個人感覺到群體間有不公平的待遇時，這就可以成為抵制變革的藉口。

回想京都議定書的例子，在 2005 年接近公約獲得批准後的第 7 年，美國政府仍然反對這個公約。然而，反對這個公約的陳述已經偏離了主題。用 WIIFM 來表示的話，美國官方是引用對經濟產生負面影響作為不加入協議的主要理由。他們還舉出公約對印度和中國這些溫室氣體排放大國給予豁免的不公平性。請注意，這些 2005 年反對論點的根源就是**渴望**，這代表從 90 年代中期以來的改變，當時討論集中在對變革必要性的**認知**以及這些理由的正當性。

因素 2 – 組織或環境的背景

組織或環境背景說明個人或群體如何看待跟變革有關的環境。因為每個人的經歷都是獨一無二的，所以對周遭事物的看法會因人而異。在職場上，組織相關的背景包括過去成功的變革、已經進行了多少變革、過去變革的鞏固措施或獎勵、組織文化和組織整體方向。這些力量的影響不容忽視或低估，因為組織的歷

史和文化對建立支持變革的渴望方面扮演關鍵的角色。例如，如果一家公司啟動了變革，卻沒堅持到底，或存在允許群體選擇退出變革的歷史紀錄，這些先例就會嚴重影響員工參與新變革的意願。

因素 3 - 個人的私人狀況

個人或私人的背景是影響個人渴望變革的第三個要素。個人的背景包括所有私人生活方面的狀況，如家庭狀況、機動性（以居住的地點來說，是否有彈性？）、財務安全、年齡、健康、職場上的抱負（他們目前是否在他們職業生涯中所期望職位上），家庭和職場上的人際關係、教育背景、即將到來的私人事件和過去工作環境上的成就（升等、表揚、薪酬）。

個人的私人狀況在變革決策過程中扮演著重要的角色，例如一個人的財務或健康狀況可能會令他們對變革做出某種選擇，這些選擇表面上看來並不是那樣的合理，但是了解所有前因後果之後就能理解。相同的，一個人與配偶或其他重要人物關係的變化將會導致這個人對一件事情重要性的看法產生根本的轉變。所以每個人都有其獨特的變革能力。

因素 4 - 內在動機

內在或個人動機是影響個人渴望變革的第四個要素，個人動機形成人們的個性化。這些動機的範圍從渴望幫助他人讓我們的

世界不同，到希望避免痛苦或負面的後果。有些人在尋求進步，而另一些人則希望深化關係。有些人渴望得到尊重、權力、或地位，另一些人追求財務安全。驅動我們每個人改變的原因都非常獨特，所以這些動機是非常廣泛的。

個人動機不僅包括我們所重視的東西，還包括我們選擇前進就能實現我們目標的內在信念。這就是我們內心的指南針，它向我們傳達了我們能從這個變革中達得期望結果的可能性或概率。[1]

蘭斯・阿姆斯壯（Lance Armstrong）決定去爭取第七次環法自由車公開賽勝利的例子描述了每個與渴望相關的要素。第一，**賽事的本質**是這個決定中一個重要的要素。賽程、競爭對手和賽事的聲望都是賽事本質的一部分。贏得此項賽事後的知名度和最終的獎勵相當程度上取決於「對我有什麼影響（WIIFM）？」。**環境背景**包括他自己在這個賽事的歷史、先前在這個賽事的成就、贊助者的敦促和他的粉絲期待他能夠再次獲得勝利。從**個人背景**因素來看，他必須考慮到自己的年紀、生理狀況、現在家人的狀態和其它影響這個決定的標的。從**個人動機**觀點而言，他必須評估在他生命中的那個時刻，什麼對他是重要的，還有他是否會在這個賽事中贏得勝利。內在的激勵因素必須要充分克服這些艱鉅的挑戰，不僅是參與而已，還必須在生理上準備好去參加競賽。

結論

渴望是 ADKAR 模型的第二個元素。我們支持和參與變革的渴望是基於以下這些考量。

- 變革的本質和變革為個人所帶來的影響

- 我們如何察覺組織和周遭環境正在改變

- 我們的個人情況

- 作為人類是什麼激勵我們，包括使我們可以成功並且實現這些變革的期望

這些因素的組合，最終在我們面對變革時將影響我們表現出來的行為。

一旦**渴望**去支持並參與變革，ADKAR 模型下一個元素就是具備如何進行變革的**知識**。這時候該檢視的問題是「假如我了解變革的必要性而且我也願意改變，我可以合理的期待變革就會發生嗎？」

第四章
知識

知識是 ADKAR 模型的第三個元素，代表了**如何實施變革**。知識包括：

- 對變革所需要的技能和行為的教育和訓練

- 如何使用新的流程、系統和工具的詳細資訊

- 理解與變革相關的新角色和責任

　　當一個人**認知**了變革的必要性並且**渴望**去支持和參與變革時，**知識**（knowledge）就是落實這個變革的下一個基石。

　　「綠色」旅館協會在 1993 年引進了一項變革，這個變革已經遍佈美國的旅館，並且影響許多企業和度假旅客。派翠沙・葛芬，「綠色」旅館協會的創辦人，在去德國旅行之後產生了一個改變旅館客人處理浴室毛巾的想法。表面上這可能會是艱鉅的挑戰，一個人發起的變革如何能影響數以萬計的旅客？這要從一個放在毛巾架上的小卡片說起。你可能在出差或度假時已經看過這些卡片。基本上卡片印著：

在旅館，我們每天使用數百萬加侖的水和數噸的洗潔劑來洗滌旅客僅使用過一次的毛巾。

請您自己決定，毛巾放在毛巾架子上的意思是：「我還會繼續使用」。

毛巾放在地板或是浴缸裡的意思是：「請更換」。

直到 2005 年，在超過 15 萬個客房裡可以看到「綠色」旅館協會的卡片。旅館回報指出已經節約了大量的水、水電費和洗潔劑費用。這個變革保護我們的環境的同時也幫助節約了水和減少運營費用。

若是在 15 年或更早之前，大部分的旅館客人可能會嘲笑重複使用毛巾的建議。很多人可能認為這僅僅是一個「廉價」旅館的經理想出來要節省成本的一種嘗試。想像一下旅館客人對「請重複使用你的毛巾，這會幫我們節省費用」這個標語的反應。但是，在這個案例中，「綠色」旅館協會在主要的連鎖旅館幾乎都成功實施了這個變革，現在他們的客房都使用類似的毛巾卡。這個變革的管理方式有什麼不同而讓它得以成功？

分析卡片上的簡單文字，你會注意到**認知**是一個起點。很多旅館客人可能從沒考慮過洗滌毛巾這個簡單過程的相關影響。數十年來洗滌客房中每條毛巾和床單已經讓我們對於環境所造成的影響變得麻木不仁，或是沒有意識。

這一張卡片上面清楚的表達：「請您自己決定」。這個簡單的表達方式抓住**渴望**的核心，最終讓每個旅館的客人自己決定是否

參與這樣的活動。

這張卡片陳述了如何變革:「掛起毛巾表示我還會繼續使用」和「地板上的毛巾表示請更換」。這句話用簡單的措詞捕捉到如何變革或變革的知識要素。用簡單的卡片就實現了 ADKAR 模型的前三個元素。而第四個階段,**能力**,就是把毛巾放回架上,這個簡單的動作變革就發生了。**鞏固**這個變革成果依靠兩個來源:第一,旅館客人的支持,用很小的行動幫助了很嚴重的環境問題。第二,從使用比較少的水、電和洗潔劑來減少旅館的費用支出。

在很多情況下,實施變革所需要的知識是非常清楚的。例如,若我想要實現航海這個畢生的夢想,我所需要的知識包括航海技術和操作帆船的機械原理,並且需要去了解風和帆如何互相作用才能讓船迎風航行,還需要了解水手相關法規、安全和航行路線。

許多工作上的變革也有直接的知識需求。例如,組織實施大型的 ERP (Enterprise Resource Planning)系統來滿足訂單達交和供應鏈管理的需求,將會有三個主要的知識挑戰:如何使用和維護 ERP 系統、流程如何改變、如何為相關的工作流程準備新的工作角色。

然而,其他的變革並沒有如此清楚的知識需求。一個網路設備製造商要在他們的銷售團隊實施一項變革,這個變革要將銷售團隊由銷售硬體轉型成協助客戶提供解決方案。這個案例中主要的銷售策略是根據商業價值向客戶銷售,這種策略不同於傳統依據設備的功能來定價並進行銷售的模式。

對於這個長期的市場領導者,不斷下滑的市占率對於這變革

的迫切需要是明顯的。而不斷下滑的營收和股價，對變革需求的**認知**不只來自資深的業務領導人，對銷售人員來說也是顯而易見的。銷售人員也明白他們未來的傭金和客戶購買的金額是直接關聯的，他們強烈的**渴望**摒棄已證明為無效的原有銷售模式。

然而如何實施這個變革的**知識**並不是那麼明確，它可能沒有辦法濃縮成簡單的流程改變或學習新的系統。這些銷售人員習慣像汽車銷售員賣車一般銷售產品；也就是展示產品功能和性能，然後談價錢直到客戶買單為止。要轉換成根據商業價值的客戶為中心的方法，需要一個全新的銷售模式 — 一個思維上的轉型。

因此，一個使客戶經理從以產品及設備功能為導向的銷售模式轉變為以客戶的需求及價值為導向的銷售模式的專案就被建立起來了。這個思維轉型最初是為了使銷售人員學習並了解他們支持的客戶所創立的，過程包括了解他們客戶的商業運作和財務目標。這時知識的落差很快就出現了，因為許多銷售人員並不了解基本的財務術語。在跨越這些障礙後，銷售人員面對客戶時會花時間分析優勢、劣勢、機會和威脅（SWOT 分析），這時候才能創造出一個能符合客戶需求而且有價值的解決方案。最後的步驟是去建立一個商業案例來說明成本、效益和投資回報，這個建立商業案例的需求又產生了另一個挑戰，因為很多的銷售人員從來沒有經過企業管理培訓，他們也沒有 MBA 相關學位，許多人甚至一輩子也沒有寫過一個商業案例。

這個案例研究的過程通常被稱之為基於解決方案的銷售模式，這在很多組織中已經非常普及。對這些銷售人員來說，深奧的知識落差造成變革的障礙。有些銷售人員從未獲得轉型所必要

的知識，而且還有相當比例的客戶代表在這個轉型過程中離開了
公司。

　　圖 4-1 說明很多因素會影響 ADKAR 模型**知識**元素的成功實現。

因素 1 – 個人目前具備的知識

因素 2 – 個人獲取額外知識的潛力和能力

因素 3 – 是否具備教育訓練資源

因素 4 – 所需具備的知識是否可以取得或存在

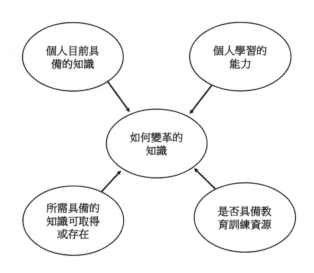

圖 4-1 影響如何變革的知識因素

因素 1 – 個人目前具備的知識

對於某些變革，有些人可能已經具備了必要的知識，另一個狀況，如電腦製造業的銷售人員的案例研究，知識的落差可能非常大。一個人現在的知識程度跟變革所需相關知識的差異將會直接影響成功的機率。而其目前具備的知識基礎可能來自教育程度或工作經驗。

因素 2 – 個人學習的能力

除了可能存在的知識差異以外，我們每個人學習的能力也不同。有些人能快速且容易的獲取新的資訊，但有些人學習新流程和工具卻異常艱辛。例如，有些人學習新概念很快，但是學習技術卻很困難。對某些人來說，學習需要記憶的新資訊則是項挑戰。同樣的，我們在學校中看到學生也有不同的學習能力，在成人的學習過程中，你可以預期也會看到類似的差異。

因素 3 – 是否具備教育訓練的資源

第三個影響**知識**的因素是能否充分提供教育訓練所需的資源。在職場上，每個組織的資源多寡各有不同而且差異極大。有些公司的資源龐大而且資金充沛，因此能提供完整的培訓；但有些公司甚至很難提供任何形式的培訓來支持變革。資源包括是否有主題專家、講師、教室設施、書籍和講義、學員使用的設備和

系統及經費等來支持培訓專案。

因素 4 – 所需具備的知識是可取得或存在

對於某些期望的變革，我們可能無法取得必要的知識或甚至這些知識根本不存在。依據組織所在的地理位置，能否隨時取得知識可能是一個學習的障礙點。世界的某些地方難以找到教育機構和主題專家，組織缺乏網際網路連線也會限制他們獲取知識。對於其他型態的變革，知識可能不存在，或是尚未被完整的建立。若無資訊，對於那些需要工程或技術知識的變革可能就無法實現。醫藥、工程和其他科學領域每天都在進步，當這些進步展開時就會成為變革的推動力。

結論

以下因素的組合最終決定了個人可以如何取得變革所需要的知識。這些因素包括了：

- 我們目前的知識水準
- 我們的學習能力
- 資源是否存在
- 可取得需要的訊息

知識是 ADKAR 模型的第三個元素，對於個人或組織而言，知

識都是實現變革的必要成果。了解**如何**變革在某些狀況下可能是一個簡單的過程，而在其他情況下可能是一個思維的轉變。

　　知識是否會自動引導出**能力**？企業管理者經常做這樣的假設，而把培訓計劃當成變革管理主要的工具。知道如何做和有能力做不一定是相同的事情。就像在「綠色」旅館協會的案例研究中，什麼情況下知識會自動轉變成為能力呢？

第五章
能力

能力是 ADKAR 模型的第四個元素,它代表展現具有實施變革並達到預期績效水平的能力。

只具備知識往往是不夠的。上完專業人士的高爾夫球訓練課程後,並非所有人都能走進球場讓每洞全以平標準杆完成。同樣的,員工具備流程、系統和工作角色的變革知識也不能立即在這些領域熟練的展現能力。根據變革的不同,有些員工可能從未建立所需具備的能力。

拿前面章節出現過的網路設備公司銷售人員的案例研究來說,在這個案例中,所有的銷售人員都被要求去參加一個培訓計劃,這個計劃將會從根本上改變他們與客戶的互動方式。這對所有的銷售人員都適用嗎?當然不是,事實上大約有三分之一參與培訓計劃者在返回工作崗位前就表達他們不願意用這個方法;另外三分之一是樂觀的,但是不確定他們是不是能成功應用新的方法;最後的三分之一則很有自信並摩拳擦掌。在 90 天之內,大約20%的銷售人員能夠執行新的計畫或部分的流程和工具。最後一組用新方法的銷售人員幾乎拿下了所有新增的訂單。

認知、渴望和知識都是很重要的基石，但是假如欠缺**能力**就無法落實變革。能力是變革成就的展現。能力就是實現變革預期成果的行動。當一個人達成 ADKAR 模型的能力元素，變革在行動上是可見的，且效果上是可衡量的。

如圖 5-1 所示，有幾個因素會影響個人實施變革的能力，包括：

因素 1 – 心理障礙

因素 2 – 生理能力

因素 3 – 聰明才智

因素 4 – 發展所需要技能可用的時間

因素 5 – 支持發展新能力可用的資源

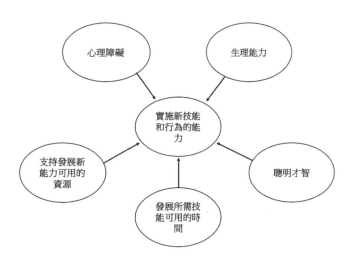

圖 5-1 影響實施變革的能力因素

因素 1 – 心理障礙

對變革的心理障礙是複雜的問題，我們可以根據其影響來識別它的真實性，但是我們通常不確定如何處理。一位關係密切的夥伴 （在這個故事裡，我們稱他為約翰）想要成為他所在城鎮的義勇消防隊員。他從當地的報紙報導得知消防部門需要額外的協助。成為一位消防隊員非常吸引約翰，而且他強烈渴望能提供某種類型的社區服務，所以約翰加入了義勇消防隊。

剛開始的幾個月，訓練義勇消防隊員的培訓課程密集的展開。在他服務的小鎮，每位消防隊員都需要取得緊急醫療技術員（EMT）的證照，約翰以高分通過認證，他在學校表現一直很優異，所以這個課程當然也不例外。約翰符合實現這個變革所需的三個要求，他**認知**這個需求、**渴望**去服務、從新的培訓課程中獲取**知識**。

約翰接到的第一個緊急呼救是一個嚴重的車禍，他立刻準備裝備並換上制服，然後迅速的開車前往車禍現場。到達現場時，他面對來自四面八方的人們，忙碌的現場並沒有讓約翰分心，但是街上那個血流不止且受傷嚴重的婦人讓約翰愣住了，他只能站在那裡看著另外一個護理人員照顧這位受傷的婦人。約翰第一次感覺到無助且無法採取任何行動。流血的情境觸發了約翰心理上的某些東西，使他無法如自己期望的去服務。一個星期過後，約翰離開了消防隊，他理解到大部分緊急的事情都和醫療有關，這個心理上的障礙讓他不知所措，他無法快速且有效的提供所需要的醫療照護。

心理的障礙也同樣存在工作上。例如，害怕公眾演講是很多人共同的經驗，有些員工對於參加大型會議或當眾簡報也會有同樣的困擾。在這種情況下，他們因緊張情緒而表現不好，之後會因無法展現真正潛力而感到沮喪。

因素 2 – 生理能力

對某些人來說，生理上的限制會阻礙他們實施變革。以鍵盤輸入的簡單案例來說，靈活性有限或患有關節炎的人，如果沒有經過相當的努力就無法打字，即使能成功，輸入的速度還是很慢。依變革所要求的績效水準，新的績效水準有可能超出個人的生理能力。

運動清楚的說明了我們每個人的表現都有限制。我們有些人把運動當作興趣，某些人在高中時期是運動員，一部分人在大學時候繼續擔任運動員，極少數的人會選擇把運動當作職業。並不是因為缺乏知識阻礙了我們在運動上往更高的層級發展，而是因為缺乏能力。我們藉由觀察所有領域的優秀教練得知，他們本身不一定是優秀的運動員。例如，文斯·隆巴迪（Vince Lombardi）被視為美國美式足球最偉大的教練，但是他從未在 NFL 擔任球員。在職場上，生理的限制可能包含體力、身體靈活度、手的靈巧性、身材和手眼的協調能力。

因素 3 – 聰明才智

　　個人的聰明才智在發展新的能力上也發揮了作用。所有人都擁有屬於聰明才智範圍內的獨特技能。例如，有些人在金融和數學方面具有天賦；而另一些人擅長創新和創造力；有些人天生就是作家；有另一些人則難以將他們的想法和概念轉換為文字。根據變革的本質，有些人在實施變革時會有智力上的障礙。在網路設備製造商的案例研究中指出僅有 20% 的銷售人員能夠改變他們的銷售方法，分析能力變成一個變革的障礙。很多人無法培養解決問題、財務分析和開發一個能在合理時間內產生營收結果的商業案例的能力。

因素 4 – 發展所需技能可用的時間

　　時間對很多型態的變革來說是影響能力的一個因素。假如一個人無法在一定的時間內培養所需要的技能，即使這個人具有潛力只要用更多時間就能培養那些能力，那麼這個變革依然可能失敗。在業務環境中，實施變革的時間段經常是由經理和主管無法控制的外在因素所驅動。

因素 5 – 資源可用性

　　在培養能力期間，用來支持個人的可用資源也發揮了作用。資源可能包括：

- 財務上的支持

- 適當的工具和材料

- 個別指導

- 與導師和主題專家溝通的管道

　　一個對個人的支持架構增強了發展新技能和能力的過程。一旦變革開始進行，這個支持架構會幫助培養新技能，也會解決變革過程中出現的任何知識差異問題。

結論

　　所有這些因素－心理障礙、生理上的能力、聰明才智、時間和資源－都跟發展新能力的潛力有關。從定義上來說，當一個人或組織能夠實施變革而且到達變革預期的績效水準，ADKAR 模型裡的**能力**元素就完成了。

　　能力是 ADKAR 模型的第四個元素。當一個人展現了變革所需要的技能和行為，變革過程是否就完成了呢？如果個人有能力實施變革，那麼，作為變革領導者和管理者，我們就完成管理這個變革的工作了嗎？

第六章

鞏固

鞏固是 ADKAR 模型的最後一個元素。鞏固包括對個人或在組織裡用來強化和鞏固變革成果的任何行動或事件。例如私下或公開的表揚、獎勵、集體慶祝或甚至簡單到對個人變革進展的感謝。

　　鞏固並不一定必須是重大事項。在一項對客戶服務部門員工的研究中指出，客戶服務代表最渴望得到的表揚是直接主管的個人感謝和表達讚賞。這個動作是有意義的，因為這是員工和主管間的獨特關係，這告訴員工，主管在意和重視員工的貢獻。[1] 如圖 6-1 所示，影響鞏固的有效性有很多因素，包括：

因素 1 – 鞏固對於受變革影響的人有意義的程度

因素 2 – 鞏固與實際展示的進度或成就的關聯

因素 3 – 沒有負面後果

因素 4 – 鞏固變革的責任制度

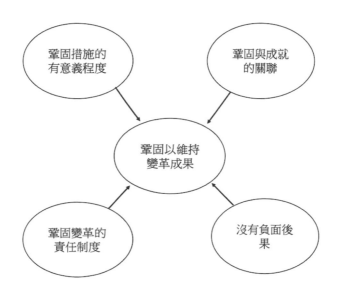

圖 6-1 影響鞏固以維持變革成果的因素

因素 1 – 有意義的鞏固措施

一般而言，當表揚和獎勵對個人是有意義時，變革就會被鞏固。有意義的表揚從個人的角度來看包括幾個屬性：

- 表揚或獎勵適用於被表揚的當事人。

- 提供表揚或獎勵的人是受到個人敬重的人。

- 這個獎勵對被表揚的人是相關或是有價值的。

因素 2－鞏固與成就的關聯

　　大部分時候，人們會知道他們是否已在變革中成功。表揚只是讓他們知道其他人仍然關心這個變革以及這個變革是重要的。另一方面，你可能也有過這種經驗，一個朋友或同事努力的實現變革，但卻發現沒有人注意到，在這個狀況下，缺乏鞏固成為維持變革成果的一個障礙。

　　在職場上，很多專案團隊忽略了慶祝小成就的潛力。當一個新的變革在面臨極大困難的改變，慶祝的時機就出現了，這個時刻可能是變革的轉戾點。識別這些機會並採取行動是鞏固變革關鍵的一部分。

　　反過來說，如果沒有取得任何成就，任何獎勵或表揚都可能適得其反。人們會希望因為有意義的貢獻和進展而獲得表揚，在沒有已證明的成就下使用表揚或獎勵，將會降低表揚在現在和未來的價值。

因素 3－沒有負面後果

　　當一個人因為展現了期望的行為而經歷了負面的後果時，變革過程就產生阻礙。同儕的壓力是一個很好的例子，在工作環境中，假如有些員工堅持用原來的方法做事而且運用社會壓力迫使其他同事也這麼做，這個情況就有可能會發生。在高中，我們觀察到多種的同儕壓力型態，有些是好的，有些是壞的。假如同儕

的壓力是反對變革，產生的負面後果就會是變革的障礙。

因素 4 – 責任制度

　　對持續的績效負責是最強而有力的鞏固形式之一。例如，對於啟動健身計劃來解決健康問題的個人來說，如果有某種責任機制他們就更有可能維持健身的成果。對於某些人，會是一個負責監督和測量他們進展的個人教練；而對其他人，則可能是朋友或是健身的夥伴；但對更嚴重的健康問題者，責任機制可能是在健康照護機構定期的健康檢查。

　　在職場上，責任機制經常與工作績效和衡量標準結合。一旦建立了責任和績效評估系統，變革的成果就會持續可見。當表揚或獎勵是伴隨著目標的達成而獲得，那麼維持變革成果的機率就會增加。

　　缺乏鞏固的最大風險是個人或群體回復到原來的行為。缺乏鞏固，個人或群體會感受到過渡階段所努力的成果沒有得到重視，他們可能會找尋避開變革的方法，並且對變革的渴望也會減弱。當美國太空總署（NASA）在哥倫比亞號太空梭失事後接著成功的讓發現者號太空梭返回地球時，NASA 整體上來說被讚賞為太空計畫的改革成功者。這些變革包括努力解決可能導致錯誤決策的文化和價值觀，以及整個系統主要零件被重新設計。然而，即使他們的成功得到了讚揚，NASA 的個別員工只有在得到表揚並且貢獻得到感激和讚賞的情況下才能維持變革。

　　缺乏持續鞏固的情況下，原來的習慣和規範可能會悄悄的回

到工作環境中。假如這個情況發生了，組織就會有一個關於變革的負面歷史。當下一個變革發生時，員工會記得以前的變革是如何被管理，以及在過程中他們是如何被對待的。旅館毛巾重複使用的案例是另外一個鞏固扮演重要角色的例子。假如旅館客人支持變革，並且把毛巾掛回毛巾架，但旅館員工依然為客房更換新的毛巾，這時變革就沒有被鞏固。事實上，旅館客人可能會把這件事當作未來不參與這個計畫的一個理由。

結論

鞏固是 ADKAR 模型的最後一個元素，它有三個目的：首先，鞏固可以維持變革成果，並避免個人使用原來的行為和方法做事；其次，鞏固在過渡期間建立動能；最後，鞏固建立了個人在下次變革發生時會記住的歷史。如果變革被鞏固和慶祝，那麼變革的準備和能力就會增加。在以下情況下，鞏固才是成功的：

- 對被表揚的個人是有意義的
- 與實際成就相關
- 對展現期望的行為沒有負面的影響
- 責任機制已到位

第七章
ADKAR 模型

ADKAR 模型有五個元素，這五個元素決定了一個成功變革所需要的基石：

1. 認知（Awareness）
2. 渴望（Desire）
3. 知識（Knowledge）
4. 能力（Ability）
5. 鞏固（Reinforcement）

從本質上來說，ADKAR 是個人變革管理模型。換句話說，ADKAR 模型代表個人變革的核心元素。當一群個人面臨變革時，ADKAR 就可以用來：

- 作為支持個人通過整個變革過程的一個指導工具。

- 指導變革管理活動，如溝通、倡議、輔導和培訓。

- 通過執行 ADKAR 評估來診斷在掙扎中的變革。

在職場上，ADKAR 模型中缺少或存在薄弱的元素有可能會破壞業務變革。缺乏認知和渴望，你可以預期員工會更多抗拒、對變革接受緩慢、在實施過程中人員流失以及執行進度拖延。假如認知和渴望低落，專案可能會以失敗收場。缺乏知識和能力，你可以預期整個組織對變革的使用率更低

、錯誤的使用新的流程和工具、給客戶負面的觀感和整個專案持續降低的生產力。缺乏鞏固，你可以預期人們會失去興趣並且回到原來的行為。這些後果會影響變革成功的機率，並且降低整個專案的投資回報（Return on Investment - ROI）。

當 ADKAR 所有元素都達成時，員工將變得積極且充滿活力；新的變革會更快的被接受；員工貢獻新的想法並尋求新方式來支持變革；員工有知識和能力執行變革，讓企業目標容易被落實，甚至超越預期的目標；員工會慶祝成功；靈活性和適應性成為組織價值系統的一部分，如此造就了一個更有變革能力的組織。

第二章到第六章說明了 ADKAR 模型，並識別了影響每個元素實現的因素。如圖 7-1 所彙總，了解這些因素能幫助變革領導人設計出能克服組織中獨特挑戰的變革管理計畫。

第八章到第十二章說明對 ADKAR 模型的每個元素有著重大影響的變革管理策略和技術。包括：

- 溝通（Communication）
- 倡議（Sponsorship）
- 輔導（Coaching）
- 阻力管理 （Resistance Management）
- 培訓（Training）

ADKAR模型的要素	影響成功的因素
Awareness - **認知**到變革的必要性	• 個人對於現狀的觀點 • 個人如何察覺問題 • 認知訊息發送者的信用 • 錯誤資訊或是謠言的傳播 • 變革理由的爭議性
Desire - **渴望**參與並支持變革	• 變革的本質（變革是什麼和變革如何影響每個人） • 變革的組織或環境的背景（個人對組織或環境的感知因變革而不同） • 每個個人的狀況 • 個人被什麼所激勵（每個人的內在動因都不同）
Knowledge - 具備如何變革的**知識**	• 個人目前具備的知識 • 個人獲得額外知識的能力 • 教育訓練資源是否存在 • 所需具備的知識是否可以取得或存在
Ability - 具備實施新技能和行為的**能力**	• 心理障礙 • 生理能力 • 聰明才智 • 發展所需技能可用的時間 • 支持發展新能力可用的資源
Reinforcement - **鞏固**以維持變革成果	• 鞏固對於受變革影響的人有意義的程度 • 鞏固和實際展示的進展或成就的關聯 • 沒有負面後果 • 創建持續鞏固變革的負責機制

圖 7-1 影響ADKAR 模型的每個因素

每個變革管理活動在變革過程中都發揮不同的作用。例如，溝通在建立認知變革的必要性上具備指導性，倡議的主要作用則是創建認知、渴望和鞏固，培訓扮演一個發展知識和能力的關鍵作用（請參考圖 7-2）。

變革管理活動	A	D	K	A	R
溝通	●				
倡議	●	●			●
輔導	●	●	●	●	●
阻力管理		●			
培訓			●	●	

圖 7-2 變革管理活動和 ADKAR 的對應

同樣的，組織中主要角色各有不同的貢獻。例如，主要發起人（也常被稱為高階發起人）扮演建立認知和渴望的重要角色，然後提供變革的鞏固措施。人力資源和培訓，與專案團隊一起扮演著發展知識和能力的主要角色。職能經理和主管在整個過程中自始至終都是關鍵角色（請見圖 7-3）。

變革管理的角色	A	D	K	A	R
主要發起人	●	●			●
領導聯盟	●	●			
職能經理和主管	●	●	●	●	●
人力資源和培訓			●	●	
專案團隊			●	●	

圖 7-3 變革中重要的角色和 ADKAR 的對應

　　圖 7-4 用一個更廣闊的視角說明如何透過 ADKAR 模型來連結變革管理活動和企業經營結果。管理變革不僅是溝通、倡議或培訓工作而已。管理人員方面的變革是針對那些被變革影響的個人，讓他們有更多的參與（參加程度）、更高的熟練度（效率）以更快的實現變革。最終目的是實現變革的目標，並且把總投資回報率極大化。當變革管理活動建立了認知、渴望、知識和能力，預期結果就會發生。當這些活動鞏固了變革，成果就會被維持。

　　圖 7-4 特別列出了變革潛在的業務目標，包括降低成本、增加營收、品質改善和投資回報率。業務目標一般也會包含預期專案「準時和按預算」達成（請看圖 7-4 第 4 欄）.

發展變革管理策略	變革管理活動	變革管理元素 **ADKAR**	業務結果
變革特徵評估	溝通	認知	準時
組織屬性評估	倡議	渴望	按預算
發起人評估	培訓	知識	達成業務目標
風險和挑戰評估	輔導	能力	- 降低成本
設計特殊策略	阻力管理	鞏固	- 增加收入
組成團隊和發起人模型			- 改善品質
團隊準備評估			- 投資回報

圖 7-4 – 變革管理與業務結果一致

　　當組織和個人已經達成了 ADKAR 模型的每個元素，包括能力時（請見圖 7-4 的第 3 欄），業務目標就會實現，因為從定義上來說，這時員工能在要求的能力水準下展現他們實施變革的能力。

　　為了達成每個 ADKAR 模型的基石，變革管理活動都必須被完成。如有效的溝通、積極和可見的倡議、參與和個別輔導、有效的培訓和謹慎的指導阻力管理（請見圖 7-4 的第 2 欄）。

　　為了這些活動的成功，一個定義完善的策略是必要的。這個策略包括變革和組織的評估、專案團隊與其發起人是否準備完善的評估（請見第 1 欄），如此才能透過 ADKAR 模型把傳統變革管理活動和業務結果連結成完整的循環。

這一章的其餘部分將檢視一些成功和在掙扎的 ADKAR 模型的應用案例。這些案例研究範圍由廣義且一般的到狹義且個人的，它們輔助說明了完整的 ADKAR 模型應用。

哈伯特頂點（Hubbert's Peak）和原油生產高峰

2005 年 4 月 20 日，馬里蘭州的代表羅斯可·巴特利特（Roscoe Bartlett）先生在眾議院演講，在這個演講中巴特利特先生表達了馬上將會面臨哈伯特頂點的議題。[1] 殼牌石油的科學家金·哈伯特先生（M. King Hubbert）研究了 1940 到 1950 年間油田的生產和消耗，他觀察到每個油田生產能力遵循一個鐘形的曲線，石油的總生產量順著這個曲線上升到達頂點，然後慢慢的走下坡直到整個油田完全枯竭。根據觀察了美國所有的油田，他在 1956 年預估美國石油的生產將在 1970 年達到高峰，這個預測最終被證實非常精確。在 70 年代美國石油的生產到達高峰，而且從那時間點以後，現在的產量約是高峰期的一半。

哈伯特也做了一個類似的預測：全世界的石油產量大約在 2000 年左右會達到高峰。因為這個預測是 40 年前做的，該預測就不如預測美國生產原油高峰那樣精確。目前地質學家們預估，世界原油的生產高峰將會介於 2025 到 2045 年之間，有些專家預估會早一點，這取決於整體石油消耗的速率。

當石油的生產達到高峰，需求和供給的落差也跟著擴大。隨著美國石油需求每年以百分之二，而中國是以每年百分之十的成

47

長來看，原油的需求跟著上升。當到達並最終翻越哈伯特頂點（想像一個鐘形曲線，最高點就是哈伯特頂點），原油供給將會趨緩。隨著時間的推移，原油的需求增加和供給減少之間的落差越來越大時，就會產生每桶原油的價格變化。當需求和供給的差異變大時，每桶原油的價格也隨之上揚。

在過去的 150 年來，因為工業化的世界已經建立了一個以石油為基礎的架構，這現象對經濟上的影響已經超過汽油成本的上升。石油已經成為已開發國家基礎建設的基石，農業生產、化工和塑膠、交通運輸這三個區塊跟石油的供給和價格息息相關。當每桶原油的價格上升，商品和服務、食物和運輸成本就會升高。因為我們所認知的成功等同於生產力和產出的增加，所以我們創造了一個依賴成長的經濟模型和股票市場，然而這個模型是建立在有限且不可再生的自然資源上。

過去的 100 年，當我們處在哈伯特頂點的爬坡段，因為石油的供給可以滿足需求的成長，所以這不是個問題。但當我們到達且翻越哈伯特頂點，石油需求的成長速度就會迅速超越供給能力，此時有些人就預測這對經濟將產生巨大的影響。

很多人相信生產石油不是個問題，因為我們一直被告知石油的存量可以供我們使用幾百年。巴特利特和哈伯特想要傳遞的不是石油最終枯竭的問題，而是當生產達到最高巔峰時對經濟的影響，這才是真正的問題所在。

巴特利特先生對國會的演講裡有一個超越建立對這個問題**認知**的中心論述，他呈現了其他能源能多快替代石油的資料。例如，美國政府和私人產業已經對風力、太陽能、地熱、生質油、

核能和其他能源研究了一段時間，我們可以將它們用來填補能源的缺口。雖然這件事終究可能成真，但巴特利特先生傳達的訊息是建立一個基於再生能源和其他非再生能源的重大基礎架構所需的時間，可能超過我們所擁有的時間。換句話說，我們用其他能源來填補石油缺口所需要的時間可能太長，包括建立新的基礎架構元件，以至於無法避免對經濟產生重大的衝擊。他認為我們需要立即採取行動，改變目前石油的消耗速度和佈署替代能源方案，以確保我們擁有充裕的時間來執行這些替代能源方案。眾多備受景仰的經濟學家和銀行界成員都支持巴特利特先生的言論。

一封超過 30 位知名的企業領導者和政治家署名的公開信函在 2005 年春天送給了美國總統，這封信強烈要求注意過度依賴石油所面臨的整體風險。[2] 然而聯邦儲備會主席卻陳述了一個不同的訊息：「改變能源消耗的規模和方式，長期來說將對全球經濟的走向產生重大的影響」。[3]

若這是如此關鍵的議題，為什麼變革不在現在發生？假如我們的經濟在未來的 20 到 40 年會處在危險中，為什麼我們不立即採取行動？

在我領導會議和研討會超過六個月的期間，我為人們對這個議題的認知和對這個變革必要性的覺察進行了非正式的評估。參加會議和研討會的 800 多人中，其中不到 10 人（1.25%的人）表示有認知到這個議題。在大多數 20 到 50 人的研討會中，沒有人舉手表示認知到這個議題。在 2005 年 5 月 29 日美聯社發表了一篇報導，但這篇報導幾乎沒有傳達這個問題強勁的本質。假如你用 1 到 5 的級別來評估對這個變革必要性的認知程度，「1」是最低，而

「5」是最高的的話，那麼此例對變革的認知程度級別就是「1」。

假如我們應用相同的尺度來衡量**渴望**，我們必須檢視那些創造變革渴望的因素。首先，在過去 5 年，每一桶原油的成本已經急遽升高，然而在美國，加油站汽油的價格僅微幅調漲，而且許多民眾把油價上升歸因於正常的季節調整和區域事件 （就像 2005 年發生的卡崔娜颶風）。此外，油價上升的幅度還沒有大到讓人們停下來詢問到底發生了什麼事。換句話說，人們沒有感受到痛苦，再加上這個問題離發生的時間還很久，而且美國大眾對非即時問題的反應是緩慢的。不能說沒有渴望保存資源，但是當我們以整個產業和大眾使用的角度來評估，變革的渴望是低的。因為這個現象的真實影響，在未來 10 到 20 年內都不會有感覺，現在也沒有改變行為的迫切渴望。用 1 到 5 的級別來表示，對變革渴望程度的評估最適當的級別是「2」。

對**知識**而言，整體的觀點是非常不一樣的。替代能源的研究和保存方法已經存在多年。國家再生能源實驗室從 1977 年就開始運作，這個中心當時是太陽能研究機構，研究陽光、風、生物能和地熱資源；而其他組織包括能源部，在核分裂、核融合還有水力發電資源也努力多年。這些替代能源的問題是每千瓦電力的售價會比用石油生產出來的電力價格高出許多。用核分裂（Nuclear Fission）和增殖反應堆（Breeder Reactor）的方法，處理核廢料是一個頭痛的問題。核融合（Nuclear Fission）可以解決大部分的問題，並且能減少核廢料的產生，但是我們還沒有能力做到像太陽一樣持續維持核融合反應。

假使今天石油生產達到高峰，我們並沒有替代能源的基礎架

構或產能來滿足能源的需求。如果使用核融合，這是一個知識的問題；然而，我們在使用其他的再生能源上就具有相當高水準的知識。如果用 1 到 5 的級別來評分，根據是否考慮將核融合納入評估，這個變革的知識評估級別大約是介於「3」或「4」。

從**能力**的觀點來看，替代能源的主要挑戰是發展基礎架構所需要的時間。當全球石油的生產漸漸接近哈伯特頂點，需求和供給的差異成長速度會高於我們用再生和其他非再生的能源所能填補的缺口。例如，每年 2% 的成長率（目前美國石油消耗成長率），每過 35 年石油的消耗就會成長 2 倍，如果每年是 10% 的成長率（目前中國石油消耗成長率），每 7 年石油消耗就會倍增。你可以想像一旦我們接近全球石油生產的高峰，需求的壓力將會遠遠的超過有限的供給，這就會造成石油和天然氣價格的上揚。實施替代能源的變革**能力**，用級別 1 到 5 來表示，我們給了低分（「2」或「3」）。這是用建立替代能源的管道和相關基礎架構所需的時間，與我們所擁有相對極短的時間比較而得的評估。

在過去的 30 年裡，我們幾乎沒有在替代能源的變革方面提出**鞏固**措施。例如，人們在家中嘗試用太陽能和風能都無法取得投資回報，尤其若再計入維護成本。住房行業整體來說沒有把太陽能整合進建材或屋頂系統中，大部分現在建造的獨棟住宅與 20 年前建造的住宅幾乎是相同的；運輸用的替代能源產生的經濟效益也微不足道；還有，即使是氫能交通工具也沒有解決能源生產的核心問題，氫燃料電池不是能源生產的來源，而只是一個儲存的系統，氫燃料電池仍然需要利用傳統能源從水中分離出氫能源並儲存以供使用。

　　假如你把這些對哈伯特頂點和原油生產高峰的評估分數放在一起。 1 是最低的分數而 5 是最高的分數。 你會得到:

- 認知 – 1
- 渴望 – 2
- 知識 – 3
- 能力 – 2
- 鞏固 – 1

這些分數可以用一個簡單的輪廓圖在圖 7-5 表示 。

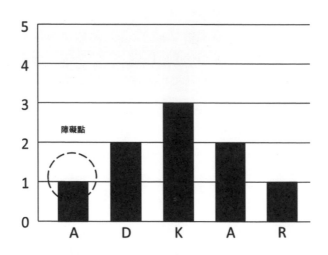

圖 7-5 大型替代能源生產的 ADKAR 輪廓圖

　　這個變革的 ADKAR 輪廓描述的結果是非常薄弱的 。這個變革的障礙點,被定義為第一個評估結果分數是 3 或更低的元素,在這

個變革裡就是**認知**。這議題複雜交錯，即使我們提高了認知，渴望就會變成障礙點。因為我們的經濟模型依賴供需來修正價格，因此會抑制消費。若價格沒有相當程度的上揚，對變革的渴望將不會有實質的改變。然而當價格上升到影響需求的時候，在我們目前以石油為基礎的經濟架構裡，可能又會來不及採取行動以避免經濟低迷。

在這個 ADKAR 案例中所提供的見解，即使挹注更多資金在替代能源方案的研究，也無法建立一個解決圍繞石油生產高峰議題的變革。沒有**認知**變革的必要性和**渴望**積極參與這個變革，再生能源的建置仍然會維持在低水平，並且我們面對這個問題的風險將依然存在。

社會保障制度和醫療保險破產

在美國，當預估在 2042 到 2047 年間社會保障制度將會面臨破產時，改革社會保障制度就變成了一個重大的政治議題。共和黨和民主黨雙方已經提出許多解決方案，包括遞增指數、個人帳戶、社會保障制度私有化和改變社會保障和醫療保險稅計算的薪資上限等。為什麼這些解決方案都無法推動？是這些想法無法具體解決問題嗎？假如這些都不是最佳的方法，我們能夠找到其他的替代方案嗎？

這組問題是對社會保障困境的正常反應。然而，通過 ADKAR 模型的透鏡來檢視這個必要的變革，你會發現變革的障礙點不是關於「正確答案」（譯者註：指的是解決方案）。

對於社會保障基金的變革，其 ADKAR 輪廓圖將會如下:

- 認知 – 5
- 渴望 – 2
- 知識 – 3
- 能力 – 4
- 鞏固 – 3

圖 7-6 展示了 ADKAR 輪廓圖

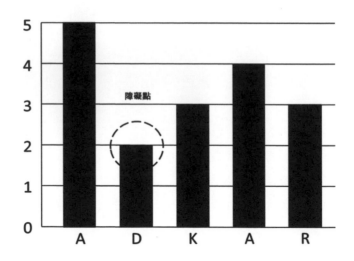

圖 7-6 社會保障制度改革 ADKAR 輪廓圖

一份 2005 年「今日美國」媒體民調顯示大部分的美國人有意識到社會保障制度需要改變，媒體的廣為宣傳已經把對這個議題

的認知程度顯著的提高了許多。

　　然而對於改革的渴望，整個國家的脈動是很混亂的，不同年齡層對社會保障制度的的支持差異非常大。例如，如果你的年齡是 50 歲到 70 歲之間，你可能期望社會保障制度只做小幅度調整或者不要改變，因為你擔心你的利益會受損（這是你花了一輩子所建立的）。美國退休人員協會（America Association of Retired Persons） AARP 正在對這部分族群積極遊說，並且利用電視廣告直接吸引納稅人。基本上這個訊息是「不要對社會保障制度做出重大的改變。」

　　假如你的年齡介於 18 到 30 歲之間，你的看法可能會截然不同。許多這個年齡層的人都聽說這無關緊要，因為到那時候社會保障制度可能已經不存在了。30 歲到 50 歲的納稅人就比較傾向支持進行某些改革，但是對他們多數人來說這個問題還距離太久遠而沒有即刻的影響。

　　最終結果就是受影響最深的群體（50 到 70 歲的族群），他們的聲量最大，但對這個重大變革的渴望程度卻最低。再者，在這個時間點，這個年齡段的納稅人比例較過去都來得高，因此變革的整體渴望程度就會相對較低。

　　考慮到這個議題的政治本質，很難用一個解決方案就往前推進。事實上，在我們有辦法能實質上提升群眾對改革社會保障制度的渴望之前，花再多時間思考如何解決這問題是不會產生成效的。

　　相反的，在這個情況下可能會花更多時間開發一個解決方案來降低聲量最高且抗拒最大的團體其對整體的影響。換句話說，

利益衝突減緩或優化了變革。最終的方案為了降低阻力而進行了妥協。針對破產的問題，最終結果可能不會是最佳的，但是相當程度的降低對特定族群的影響。

把 ADKAR 當成一個架構來看這個變革，你可以很快速的找出變革障礙點而且建立一個全盤的觀點，了解做什麼可以讓變革繼續往前推進。

旅館毛巾重複使用計畫

第四章的旅館毛巾重複使用計畫是一個成功的變革案例。這個變革的 ADKAR 輪廓是：

- 認知 – 5
- 渴望 – ？
- 知識 – 5
- 能力 – 5
- 鞏固 – 3

其 ADKAR 輪廓圖如圖 7-7。

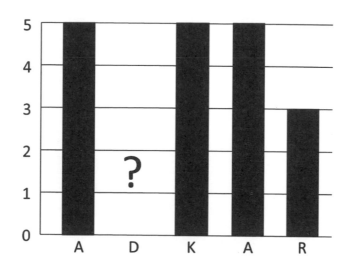

圖 7-7 毛巾重複使用計畫 ADKAR 輪廓圖

　　這是一個由個人發起變革的案例，這個變革已經影響了成千上萬的旅館客人，並且讓多數大型的連鎖旅館採用類似的方案。為什麼這個變革會如此成功呢？除了渴望元素以外，所有的 ADKAR 元素的評分都非常高，渴望是一個旅館客人的個人選擇。在這個案例中，許多的旅館客人對環境意識和減少浪費的渴望程度是高的，因此，這計劃就很容易成功。

　　一旦你已經看過將 ADKAR 的模型應用在不同的情境下，你就可以應用這個模型在你的變革中來增加成功的機率。你也可以更清楚的了解為什麼過去的變革能成功或是失敗。例如，為什麼有些組織品質改善的計畫成功，而其他的卻失敗呢？ 為什麼六個標

準差讓有些公司起飛成長，但卻讓其他公司痛苦掙扎呢？為什麼
科技變革對某些公司提升了顯著的投資報酬，但對其他公司卻回
報很少呢？

結論

　　如圖 7-8，當兩個目標都已經達成，才能實現成功的變革。首
先，企業必須要完整的實施變革，如此企業的目標才能達成，這
是圖 7-8 的縱軸。其次，組織必須要通過每個 ADKAR 模型的元素轉
移，個人才能夠實施變革，而且鞏固措施要到位才能維持變革成
果。無法達成其中任何一個目標，不是導致變革只有部份成功就
是變革整個失敗。

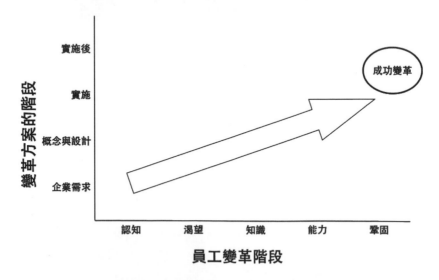

圖 7-8 使用 ADKAR 的變革的成功要素

　　ADKAR 是一個結果導向的模型，它提供一個架構把變革管理策略和技術（包括溝通、倡議、準備評估、輔導、培訓和阻力管理）結合起來完成變革。ADKAR 模型的元素必須要依照順序完成，並且他們是累積的。換句話說，每個 ADKAR 模型的元素是一個基石，所有的基石要維持存在，如此變革成果才能維持。

　　將 ADKAR 應用在企業、政府機構或是社群的變革中，模型的每個基石都不可或缺。每個元素必須依照順序達成，當這個模型裡有一個元素是薄弱的，這個變革就會瓦解。因此，專業術語「障礙點」在整個模型中指的是第一個「薄弱」或評估為「低水平」的元素。例如，假設認知和知識同時在某一個變革被認為是薄弱的，認知就是障礙點，而且應該要在知識之前被檢討和解決。

　　當變革沒有往前推進，ADKAR 模型提供了一個簡單且容易上手的診斷架構。利用這個模型，你可以分析變革管理計畫、評估你的強項和弱點，同時把你的精力專注在變革的障礙點。

　　對於經理和主管，ADKAR 模型是一個容易學習的變革管理工具，它可以用來幫助員工通過變革過程。

　　你可以如何應用 ADKAR 模型？第八章到第十三章說明了不同的變革管理策略，如何與 ADKAR 模型的元素結合一致，使變革往前推進。第十四章說明 ADKAR 在不同情況下的應用。包括：

- 作為變革管理教學的學習工具，尤其用來分析成功與失敗的變革案例。

- 作為基礎架構給變革管理團隊用以評估變革管理計畫。

- 作為指導工具便於經理和主管使用。

- 作為評估工具，用於診斷正在進行中的變革和識別出潛在的障礙點。

- 作為改變行為的計劃工具

第八章

建立認知

建立認知等於溝通是一個普遍的假設。然而，分享資訊並不表示總會產生認知。記得在第二章，那些影響個人吸收認知訊息程度的因素，包括：

- 他們對於現狀的觀點

- 他們如何察覺問題

- 訊息發送者的信用

- 錯誤資訊和謠言的傳播。

- 變革理由的爭議性。

因為這些因素，溝通的行爲不一定會產生認知的結果。例如，能源服務公司在宣佈一項重大的組織重整會議之後進行了員工面談。面談的目標是分享組織變革的本質和組織重整的業務原因。以下來自不同員工的引述，顯示了對於變革業務原因的認知範圍從懷疑到完全相信的都有。

我們以前就聽過這些事。當事情進行得不順利時，組織重整是個常聽到的答案。

這是嘗試降低成本的另一種手段。

我們正在改變，這會讓我們維持競爭力並且簡化我們的流程。

依照目前市場的條件，我們必須要重新檢視我們的經營方式。我們目前的成本結構太高，假如我們沒有立即採取一些行動，我們的競爭對手將會搶走我們的業務。

提供給所有員工的資訊都是一致的。第一位員工貶抑了所有的資訊，但最後一位員工對變革的必要性表達了強烈的信服。因為每位員工對於變革訊息的吸收不盡相同，因此可以對建立認知的策略進行一些觀察。建立認知是一個過程，你不能假設一個訊息或是事件就能產生對變革必要性的一致認知。認知不是依靠發送出去的訊息來達成，它是取決於訊息如何被每個人接受和吸收的程度。你可以用來衡量認知的唯一方法是經由互動和回饋。以下幾個有效的變革管理策略可以用來建立對變革的認知：

策略 1 – 有效的溝通
策略 2 – 高階主管的倡議
策略 3 – 經理和主管提供的輔導

策略 4 - 隨時可以取得的企業訊息

在開始應用這些變革管理策略之前，有必要通過腦力激盪來討論認知的訊息。負責發展和實施這個變革的團隊必須有一個共同的理解：

- 變革整體的性質及如何使變革和組織的願景一致。

- 變革為什麼必要且重要的理由（為什麼現在需要這個變革）

- 不變革的風險

- 導致需要變革的原因，如市場改變、競爭者威脅或是客戶問題。

- 變革需要在什麼時候實施。

- 誰受到變革的影響最大。

認知推廣活動的基礎一旦建立，就可以用變革管理策略的組合來建立對變革需求的認知。

策略 1 - 有效的溝通

透過多種型態的媒體進行溝通是一個最常用來建立對變革需求認知的方法。溝通可能包括以下任何的管道：

- 面對面的會議
- 團體會議
- 一對一溝通
- 電子郵件
- 電子報
- 雜誌
- 內部網站
- 高階主管的簡報
- 培訓和研討會
- 專案團隊簡報
- 電話會議和語音訊息
- 海報和標語
- 備忘錄和信件
- 佈告欄
- 特殊的社會活動
- 傳單和通告
- 視訊會議
- 影片和電視牆
- 電視
- 收音機
- 展示

為了支持建立變革認知，溝通管道只能在溝通策略完全制定後才可以使用。你的策略應該：

1.　　識別並分類受眾群體。

2.　　決定每一類受眾群體適合的訊息。

3.　　為這些溝通訊息開發最有效的包裝、發送時機和溝通管道。

4.　　為每個受眾群體找出最適當的訊息發送者。

受眾的分類是至關重要的，這將確保認知訊息都是特別針對每個不同群體設計的。每個群體都有與變革相關獨特的背景和參照點，每個群體可以定期獲得不同的資訊，並且有不同的「痛點」和感興趣的領域。為每個受眾考慮適當的內容並且為群體量身定制重要訊息，這樣建立起來的變革認知會是最有效的。例如，高階經理人已經接觸到大部分的財務資料和市場的變化訊息；然而第一線員工可能對公司的財務和市場變化訊息所知甚少。為了溝通對變革必要性的認知，發送的訊息必須要對那些受眾有意義而且是為他們所設計的。

在對這些溝通訊息開發最有效的包裝、發送時機和溝通管道時，你應該考慮：

・　　對每個受眾群體，什麼溝通型態會最有效？

・　　發送這些訊息的最佳時間點是什麼時候？

・　　過去最有效的溝通管道是什麼？

回想第二章的內容，在職場上一個好的變革訊息發送者包括

變革的企業領導人以及員工的直接主管。員工想要從企業領導人身上知道**為什麼**變革正在發生，以及變革如何和組織的願景一致。員工想要從他們的直接主管口中聽到**變革會如何影響他們個人**（對我有什麼影響 - WIIFM）。因此，雖然一般性的溝通將是個重要的管理變革工具，但認知建立需要的不僅僅是簡單的資訊傳播而已，企業的領導者和員工主管在認知建立過程中都扮演著重要的角色。

策略 2 – 高階主管的倡議

變革的高階發起人是溝通「**為什麼這個變革是必要的，還有不變革的風險是什麼？**」的最佳發言人。員工想要由負責人口中聽到這個訊息，因為他們相信這個人對企業的狀態有最廣的觀點和最深的理解。企業領導人必須：

- 分享變革的本質和這個變革如何與組織願景一致。

- 闡述使員工理解這個變革為什麼是必要的，還有不變革的風險。

- 建立變革的優先順序；在訊息上表達的緊急程度應該與變革在組織中的相對重要性一致。

然而，發起人在認知建立過程中的作用不僅僅是在信件或電子郵件上的簽名或成為變革相關活動中的首位發言人。根據 Prosci 公司在 2005 年從 190 位專案經理 [1] 蒐集的研究資料顯示，下面的

角色是主要發起人的直接責任：

1. 積極可見的參與整個變革過程；與專案團隊保持互動，並且從員工身上蒐集回饋。

2. 在組織各層級中建立一個倡議聯盟以強化認知的訊息，使同儕、直接部屬和管理者能向員工溝通變革的理由，讓這個訊息可以在整個組織內保持一致。

3. 直接與員工溝通，分享為何變革正在發生、不變革的風險、以及使變革與整個企業方向一致；經由多個溝通管道重複這些訊息，包括面對面的互動。

策略 3 – 經理和主管提供的輔導

　　了解變革對員工個人有什麼影響是建立認知的一部分。變革業務原因的認知對每個人都有不同的意義，人們知道自己的狀態：健康、舒適等級、財務狀況、人際關係、對工作的滿意程度、家庭狀況和許多因素組成了他們的個人狀態。當在工作上有個變革被提出時，變革就會被拿來與自我的認知做比較。每個人會開始將變革與他們自己的生活關聯起來，然後很自然的會問「**為什麼**」。主管最可能從有意義的角度幫助員工了解變革的原因，並評估變革對每位員工的影響。經由這個過程，對變革的倡議才得以維持。

　　對於那些想要扮演好自己角色的經理和主管，他們必須要先有機會去建立自己對變革必要性的認知。專案團隊和變革發起人

必須要確保管理者有完整並準確的訊息，例如為什麼變革是必要的、不變革的風險是什麼、還有是什麼內部和外部的因素創造了變革的需求。管理者也需要具備關於變革管理基本的技能和知識來確保能與員工進行有效的對談。

一旦這些準備工作完成，主管和經理應該與他們的員工討論這個變革。通過面對面的溝通，管理者可以強化來自高階發起人的認知訊息，並且糾正員工對變革的任何誤解。他們也可以蒐集員工的回饋，以更了解相關的私下交談。

主管和經理應該利用團體會議及一對一的對談與員工溝通。團體會議是一個非常方便和有效啟動溝通的方式，然而對變革而言，團體會議不能代替一對一的對談。回顧一下認知建立的關鍵部分包含分享「對我有什麼影響（WIIFM）」，只有當你跟每個員工有坦誠且保密的對談後，這些討論才會有效。

與員工會議的過程不論是以團體或是個人的方式進行，都能幫助消除在私下交談中出現的一些錯誤訊息。這些圍繞變革有關的私下交談是強勁且難以控管的，員工以對他們個人的影響方面來吸收聽到的業務訊息，他們把企業的變革轉化成對個人的變革。變革對個人的影響加上每位員工的不同觀點創造出大部分私下交談的內容。沒有主管和經理參與在過程中，員工非常可能對變革發展出一個謠言和錯誤訊息的認知。此外，沒有直接主管的參與，專案團隊就沒有一個可靠的管道來蒐集員工在變革過程中的意見回饋。

策略 4 – 隨時可以取得的企業訊息

　　許多公司低估了有關公司表現、市場狀態、環境因素、競爭
威脅以及持續變動的業務優先順序等這些易於獲得的資訊的力
量。如果公司小心謹慎的對資訊保密，僅僅與員工分享少量甚至
不分享訊息，在建立對變革必要性的認知時，公司會面臨更嚴峻
的挑戰。

　　例如，一個軟體培訓公司使用高度訓練有素的外包兼職顧問
來授課。教育訓練的協調員根據優先系統和顧問與客戶需求的匹
配程度來分配課程給顧問。有些月份，顧問們的工作多到難以應
付；其他月份裡，工作卻很少。顧問表達了對工作分配過程的關
切，他們對最後一刻才被告知非預期的時程變更感到挫折。執行
長因此啟動了一個變革專案，讓所有的顧問對於重要的業務資訊
能有更好的可見度，這些資訊包括現有客戶的培訓時程、在排程
中的客戶、所有培訓資訊的需求、每月培訓收入和支出。經過數
月的資訊分享，顧問的態度發生了變化，他們對時程改變沒有感
到驚訝，而是能預期到這些改變。顧問們不再因不斷的調整而感
到沮喪，而是開始提出增加業務的想法，並且致力於解決問題。
隨時可取得的資訊建立了對變革必要性的認知，並且讓這些顧問
的角色從兼職顧問轉變成企業的合作夥伴。

　　隨時可取得的資訊持續的建立認知，且不僅支持當前的變
革，更包括未來的變革。從建立一個重視分享關於公司、市場和
企業方向資訊的溝通「文化」，直接轉化成提高員工對變革必要性
的認知。在某一些情況下，當訊息共享是廣泛且普遍時，員工能

認知到變革的必要性，並且期待變革的發生。

關於建立認知的常見問題

我們使用文字形式的溝通來建立認知只產生有限的成果，為什麼這些溝通的管道沒作用？

　　在過去的八年中，Prosci 公司進行了 4 次變革管理的縱向研究，專案團隊指出，誠實且直接並提供個人層面變革細節的面對面討論是最有效的溝通形式。面對面的互動比書面的溝通更加有效的原因如下：

- 不是每個人都會讀每一封電子郵件或是電子報的文章。

- 閱讀者了解的電子郵件或文件的內容和寫作者要表達的意思並不一定相同。單向溝通無法更正這些誤解。

- 通常電子郵件或是文章都不是「首選的訊息發送者」自己寫的－變革認知訊息的首選發送者通常是員工最敬重或是最相信的人。

- 最有效的溝通不只是內容本身，還包含了溝通時的聲調及肢體語言，文字資訊無法完全傳達這些其他形式的溝通內容。員工們通常會忽略周遭其他人的反應，當面對面互動中得到「點頭稱是」可能就成功了一半。

我們的高階發起人認為他們已經重複這些訊息很多次了，因此員工都不想再聽到這些訊息了。如何讓我們的發起人持續參與這個過程?

　　有一個經驗法則是一個訊息員工需要聽 5 到 7 次才可以植入他們的思維裡。現在把組織內需要溝通的群體數量乘上這個因子，就很容易理解為什麼高階管理者會覺得沒必要重複這些訊息。然而，資料顯示員工抗拒變革最普遍的原因是缺乏對這個變革為什麼正在發生的原因的認知，因為高階主管通常在專案開始時就已經參與其中，在變革過程初期階段他們就經常對變革的理由進行溝通；然而，員工可能還沒有準備好接受這些訊息，變革就已經幾乎到了實施的階段（當這個變革開始影響他們個人時）。高階管理者可能要看到認知變革的訊息需要被重複傳達的依據，你可以考慮在實施變革之前使用 ADKAR 評估來衡量組織中不同的群體對變革的認知程度，然後與高階發起人分享這些資料，幫助他們針對對象發起倡議活動。

假如我們在建立認知上做好工作，這會不會就自動建立渴望呢？

　　人們很容易假設你內在的認知支持變革，一定也渴望變革，而其他人也如此。也就是說，我可能認為，如果認知使我想要參與變革，那麼對其他人也會有相同的成效。事實上，參與變革的渴望不僅僅是基於我們的內在動機，而這些內在動機對每個人來說都是不同的。變革的本質、個人情況和個人在組織的歷史對於支持變革的渴望都扮演重要的角色。有了對變革的認知，可能某

個比例的員工會建立對變革的渴望，但是你不應該假設每個人有
了認知就會自動產生渴望。

建立認知更多是著重於什麼在改變，或為什麼進行這個變革？

　　在大部分的變革中很難拆分這兩個主題。說明為什麼需要變
革是了解變革本質不可缺少的一部分。然而，一旦員工了解變革
總體的本質時，你應該避免將溝通的焦點集中在解決方案的細節
上。員工會有的第一個問題是「**為什麼**」，當認知變革的必要性，
並且渴望去參與變革後，有關於「**如何做**」的細節才會引起員工
的興趣。我在專案團隊觀察到的一個常見的錯誤是，他們嚴重傾
向於圍繞著未來狀態創建故事，因為他們已經投入大量的時間和
精力在解決企業問題和創建未來的狀態上，不可否認的是他們希
望去分享他們創建的成果。但很不幸的，在變革的初期員工想要
了解的是變革的本質和為什麼變革正在發生，關於未來狀態的細
節往往被置若罔聞，因為員工正在努力的整理為什麼有必要變革
的訊息。這個錯誤是因為沒有經過**認知**和**渴望**就直接跳到 ADKAR
的**知識**階段。當員工追求關於未來狀態細節的知識和如何達成變
革的方法時，就是時機到了。

**我的發起人並不相信他在變革的過程中需要扮演一個積極可見的
角色。我能夠在沒有發起人的參與之下建立認知嗎？**

　　有幾個會影響建立認知的推廣活動成功與否的因素，其中最

重要的就是訊息發送者的信用。專案團隊大量的報告指出執行官對變革積極可見的倡議是變革專案成功的首要因素。員工也表達高階發起人是為何變革正在進行的「首選訊息發送者」，忽略這個訊息會給專案帶來危險。允許企業領導讓別人代理發起人的角色將直接給專案的成功帶來負面後果。你能夠在沒有發起人的參與下建立對變革的認知嗎？你當然可以通過許多其他的管道向前推進，但你能夠建立足夠的認知往前推進變革嗎？那要視變革規模的大小和本質，還有組織對變革的準備程度來決定。在某一些情況，你可能可以建立對變革有限的認知，但是最終會在這個模型的**渴望**元素上失敗。

是否需要創造一個「燃燒平台 - 烽火台」，用來建立對變革必要性的認知？

燃燒平台是一個專業的術語，用來描述一個極其緊急或是迫切的商業狀態。用最強烈的方式傳達變革的必要性，通過這個過程，你可以很快的引起員工的注意，並且建立對變革必要性的認知。唯一需要注意的，並不是每個變革都有燃燒平台，假如這變成常態，員工就會開始忽略訊息（不可能每一件事情都是緊急的）。俗話說得好，不要每個變革都喊「狼來了」，到你真正面對狼時，就沒有人會回應你的求救了。

萬一員工不相信或是不同意目前所陳述的變革需求的理由呢？

假如一個企業或組織正在變革，他們通常是把這個變革當作對現實威脅或機會的回應或應對。這種情況，員工需要有機會詳細理解這些變革的原因。由於員工通常不會接觸到導致企業領導者啟動變革的相同訊息，因此這個過程是需要花時間的。

另一方面，假使變革被負面理解而且變革的理由並不充分，就很有可能無法建立對變革的認知。在這些狀況下，變革很可能在初期就失敗了，或是在實施的過程中痛苦掙扎。假使員工是因為過去組織內變革失敗的歷史或是訊息發送者的不良信用，而不相信認知訊息，這些都將是需要克服的重大障礙。有時候必須直接面對組織內變革失敗的歷史或是尋找替代的認知訊息發送者。

將變革原因的分歧和對解決方案或未來狀態的爭論分開討論是非常重要的。關於解決方案的討論和為何這個變革是必要的討論是完全不同的。有關為何需要這個變革的討論影響了建立變革必要性認知的能力；對未來狀態的討論則影響個人支持並參與特定解決方案的渴望。甚至在開發出特定的解決方案前，就可以建立對變革必要性的認知的論點，尤其當變革需求是被外部因素驅動且可觀察得到。

根據研究資料，關於與員工的溝通，專案團隊下次該用怎樣不同的方式進行呢？

以下的答案是從 Prosci 變革管理報告最佳實踐 [2] 中摘記的，當他們被問到下一次會怎麼溝通，參與者在研究中陳述：

1. 更頻繁的溝通。分享比你認為需要的還要多的訊息。

   「*你不能過度溝通。*」

2. 找到更有效的方法去接觸你的受眾。

   • 使用多個管道 （會議、一對一、電子報、演說、腦力激盪研討會、午餐會議、內部網路問題論壇、影片、螢幕休眠程式訊息等等）。

   「*我們實際上把溝通的工作做得相當好。最困難的是讓員工真正去閱讀它，所以我們常常改變我們溝通方式和溝通內容。*」

   • 發展雙向的溝通管道來改進員工回饋和參與。

   「*不要假設員工理解了。*」

   • 增加受變革直接影響的員工一對一的溝通管道。

3. 設計一個與專案產出結合的正式溝通計畫。決定要分享什麼訊息、何時分享、誰是受眾及如何發送訊息。

4. 讓整個組織參與在溝通計畫裡，並仔細考量訊息的發送者。通常執行長是最適當的訊息發送者（建立變革必要性的認知）。主管發送訊息給受變革影響最大的員工也是關鍵。專案的擁護者 （狂熱的支持者）也可以成為倡議者用來爭取員工的支持。

5.　讓你的管理團隊做好準備以確保訊息的一致性。溝通不是單一事件,當向員工引進和實施變革時,員工需要一些時間來接受和回應變革。花足夠的時間來建立變革必要性的認知,直接與員工討論變革對他的影響並且強調未來的機會。

結論

　　認知建立是一個隨時間推移發生的過程,當應用了多個變革管理策略,過程結果如下:

- 有關認知變革的關鍵訊息是在專案團隊和發起人之間經由腦力激盪和討論後得到的一個共識。

- 認知訊息是根據完善的溝通策略傳達給員工的。

- 高階發起人直接參與建立對變革必要性的認知;設立一個倡議聯盟以便在整個組織內強化認知訊息。

- 各階層的經理和主管就變革與員工進行溝通,並強化來自高階發起人的訊息。

- 員工有時間來吸收訊息並且提供回饋。

- 經理和主管對錯誤訊息進行回應、與員工一對一的討論、並將建立認知過程中的分歧回饋給變革管理團隊。

　　這些步驟形成一個循環過程,最終在整個組織內建立起對變革必要性的認知。

第九章
建立渴望

渴望最終是關乎於個人的選擇。即使在極度痛苦或充滿希望的情況下,人們做出的選擇也可能違反邏輯或是無法預測。也許正是這種不確定性和對其他人的變革渴望缺乏控制能力,導致一些領導者不願意參與變革過程中的這個部分。

然而管理者和高階領導者的言行對員工支持業務變革的渴望有巨大的影響。即使管理者和高階領導者無法支配員工的決定,但他們仍然可以影響這個過程。

基本上,管理者首先必須把建立**渴望**視為比管理阻力更重要的任務。採用「阻力管理」為重點常讓企業領導者陷入被動管理的行動中,忙著救火和損害控制。換句話說,你不應該先引進一個變革,然後等著找出那些反對變革的群體或個人;相反的,你應該採用有卓越成效的變革領導者使用過的積極主動的策略和戰術。你的目標不是把所有的精力放在那些不願意且不在乎變革的少數人身上,而應該圍繞著變革創造能量並參與變革,藉此讓組織的各層級對變革產生動能和支持。

回想第三章影響渴望的主要因素包括:

- 變革的本質。

- 變革的組織背景

- 員工的個人狀況

- 什麼可以激勵員工

這一章檢視了影響建立渴望因素的變革管理策略。

策略 1 – 對員工有效的倡議變革

策略 2 – 培養管理者成為變革領導人

策略 3 – 評估風險和預期阻力

策略 4 – 動員員工參與變革過程

策略 5 – 與激勵計畫保持一致

策略 1 – 對員工有效的倡議變革

在變革中,高階發起人最重要的三個角色和責任,如第八章所敘述,包括:

- 自始至終積極可見的參與整個專案

- 與同儕和管理者建立一個倡議聯盟

- 與員工有效的溝通

這些角色不僅對建立變革需求的認知是必要的，對員工建立支持和參與變革的渴望也是必不可少的。

自始至終積極可見的參與整個專案

高階發起人經常在專案初期參與，但後來又轉移到企業其他優先度較高的專案上。倡議的作用在實施的過程中和專案啟動時是同樣重要的。所以資深管理者必須願意參與個人層面的互動，並且在整個變革專案過程中積極可見的參與。

一個政府機關的資深經理安排了一個與她的經理和主管的面對面會議，檢討下一年度新的組織架構和策略。有些領導團隊的成員對於參加的主管和經理在會議上一直批評新的方向感到訝異。儘管在會議前的幾個月就已經送出完整且清楚的溝通內容，但在一些管理者身上可以很明顯的感受到他們對變革的抗拒。當進度已經明顯停滯不前，資深經理改變了議程。她把會議分成幾個小組，並且要求記錄他們具體反對的理由。後來，她坦率且正面的處理每一個反對意見。會議並沒有倉促進行，也沒有問題超出既定範圍。她積極可見的參與並支持變革，且親上火線不逃避困難的問題。領導團隊很訝異的發現第二天會議結束時，很多對話已經從「這就是我們不進行變革的原因」轉變成「我如何讓我的團隊也能參與變革」。這個例子裡，這位資深經理展現了對變革主動且積極可見的倡議的態度。

另一方面，若一個發起人決定從一個變革中退出或僅在初期參與，這個專案的動能和支持將會隨著時間的推移而逐漸下降。

發起人不參與專案的後果包括員工對變革產生更大的抗拒、整個組織接受變革的速度更緩慢,以及在某些情況下專案的失敗。在實施重大的變革專案時,如果領導層發生更動,也同樣會看到這些影響,員工會仔細的觀察新的領導人是否主動且可見的支持這個變革,以確定這個變革是否依然重要。

與同儕和管理者建立一個倡議聯盟

在員工中建立對變革**渴望**的倡議的第二個元素就是建立一個倡議瀑布(Sponsorship Cascade)或是倡議聯盟。一個強而有力的倡議聯盟會使高階和中階管理者建立參與感,這個參與感會在主管和第一線員工間建立對變革的渴望。一個弱勢的倡議聯盟會容許阻力在沒有任何後果或追訴責任的情況下在組織中擴大。

在一個大型製造業公司的弱勢倡議模型的例子中,該公司有很多變革專案同時進行,各部門對變革有不同的接受程度。有些部門願意接受並參與變革;有些部門卻極力反對變革。專案團隊對每個變革進行了**發起人的評估**,發起人評估這個專有名詞用在這裡是指對所有關鍵業務領導者參與及支持變革的程度和倡議能力的分析報告。這個評估報告的結果很像組織圖,為每個人填上綠色、黃色還有紅色來代表每個人不同的狀態。

綠色代表管理者很願意支持變革並且具備支持變革的能力,黃色反映出對變革態度中立或是不具備支持變革的能力,紅色代表反對變革和認為變革是威脅或障礙的管理者。

很多的專案,紅色和黃色框佔據了組織圖的將近 50%,這表示

倡議聯盟太薄弱以至於無法支持正在佈署的變革類型。在這整個管理階層欠缺倡議的情況下，會讓員工明顯的缺乏對變革的**渴望**。換句話說，員工通常遵循他們的直接管理鏈的領導。

　　一兩個資深或是中階管理者對變革的持續抵制就可以破壞原本強大的倡議聯盟。在這些狀況下，高階發起人必須積極面對這些阻力，容忍資深或中階管理者的抵制會形成一種認為「可以」選擇退出變革，或是抗拒變革也不會有什麼後果的心態。

　　獻祭品（sacrificial lamb）這個專有名詞通常是指移除對變革持續且具破壞性抵制的關鍵管理者。當關鍵管理者持續的抵制變革而且這變革對於組織的成功是必要的時候，就必須執行明確的行動。很多案例，那些長期以來表現出抵制變革的管理者最終還是要接受現實往前繼續推動變革。對變革的抗拒往往與其他個人的和專業的考量有關。

　　把抵制的管理者移除會向整個組織發出一個強而有力的訊號。這訊號就是：

我們對這個變革是認真的。

抗拒是不會被容忍的。

不往前推進的後果是真實而且嚴重的。

　　大多數的情況下，主要發起人最有能力以謹慎和專業的態度來處理這類情況。當其他的員工和管理者已經看到因個人行為產生了破壞性的影響或障礙時，將抵制的管理者移除是最有效的方

法。對一個管理者採取行動將為組織樹立一個先例，並作為應對具威脅性的抵制的最後手段。請注意，這個動作並不是要把管理者停職，在很多情形下，管理者是被移轉到其他的工作崗位，這提供他們一個新的開始，同時移除了變革的障礙點。使用這個方法時需要謹慎，並且要有人力資源團隊及法務單位的人員參與。

與員工和管理者有效的溝通

在整個專案期間高階發起人必須有效的與員工溝通。發起人扮演一個關鍵的溝通角色，員工希望從負責人身上得到這些訊息：

- 組織要達到的願景
- 描繪如何達成這個願景的路線圖
- 明確的將目前的變革與這個願景結合一致
- 定義成功的具體目的或目標
- 他/她個人對這變革的承諾和熱情

企業領導人經常低估了自己創造希望以及在情感層面吸引員工參與的能力，他們可能低估了員工向他們尋求方向和領導的程度。在《原始領導力：學習用情商領導（Primal Leadership：Learning to Lead with Emotional Intelligence）》這本書中，丹尼爾 葛曼（Daniel Goleman）提供了許多的範例說明領導人可以如何有

效的與他們的員工互動並擄獲他們的心和思想，[1] 這個領導能力是一個發展成熟的技能，而且也是一個在員工中創造希望的過程所必要的能力。

除了分享個人對變革的承諾外，高階發起人應該直接與員工溝通變革的效益，他們應該明確的連結變革目標和整體企業方向。高階發起人還可能要分享其他部門或先前嘗試過的變革成功的故事或奮鬥的過程。員工想聽到在過渡過程中會歷經的挑戰以及他們該如何應對，他們想要聽到好的和壞的一面、痛苦和回報，也想要聽到能成功的機會和從其他人的錯誤中學習。最重要的是，他們想要聽到主要發起人述說企業的機會和效益。

高階管理者最常犯的錯誤

前面描述的高階管理者的三個角色代表了在員工中建立渴望的三種倡議類型，然而，企業領導人不一定會這樣想。根據 2005 年變革管理研究結果指出 [2]，高階管理者最常犯的錯誤包括：

錯誤 #1 – 作為變革發起人，沒有親自參與變革。專案團隊指出他們的發起人：

- 下放倡議權給下層管理者、專案團隊或顧問

- 在專案中缺席或忽視專案；沒有持續參與和追蹤進度；專案啟動後就沒有參與

- 未能溝通變革的必要性和不變革的風險

- 未能鞏固一致的訊息；發起人在整個專案中沒有可見且積極參與

錯誤 #2 – 中途變更專案的優先度。專案團隊指出：

- 隨著時間的推移，對專案的承諾搖擺不定，或逐漸減少
- 其他專案取得了優先權
- 發起人著手進行下一個「風靡的專案」

錯誤 #3 – 未能建立一個倡議聯盟。專案團隊陳述他們的發起人如下：

- 假設其他的業務領導人會支持；推進太快沒有確認關鍵的管理者有上車跟進
- 低估了阻力和變革對員工的影響
- 假設訊息會自動由上而下傳達; 假設每個人都了解變革的必要性
- 沒有為其他業務領導人設定期望
- 容忍中階管理者的抵制

　　高階發起人所犯的這些普通錯誤直接影響了員工支持和參與變革的渴望。高階管理者將倡議的角色委託給其他人，或在變革過程中缺席，這間接的告訴員工這個變革不是很重要。在中途改

變了變革優先度的高階管理者等於送出了一個訊息「假如你等的時間夠久，這件事終究會過去的」。而未能建立一個倡議聯盟的高階管理者常常會看到一些不支持變革的管理者，假如那些管理者沒有跟上，在這些人指揮體系下的員工就不會渴望支持變革。

策略 2 – 培養經理和主管成為變革領導人

員工最終會向他們的直接主管尋求指引。為了讓主管在員工中創造渴望，他們必須：

- 在變革的團體和個人層面進行有效的對談。

- 管理對變革持續的阻力。

- 以行動展示對變革的承諾。

一個客戶服務經理被要求在她的客服中心實施一個流程變革來提高產品的交叉銷售。她與每個員工討論這個變革並且提供如何與客戶開展交叉銷售的一般性指導原則，她為客服人員舉辦了包括角色扮演和銷售話術的培訓課程。幾個星期過後，這個經理特別注意到有一位客服人員沒有對客戶進行任何交叉銷售。經理和這位員工面對面的討論這個問題，討論內容集中在培訓銷售話術及如何與客戶互動方法，會議結束後，經理相信她已經影響了這位員工並且進行了一個很好的在職訓練。兩週後績效資料顯示，這位客服人員還是沒有對客戶進行交叉銷售，經理認為這位員工不具備交叉銷售產品給客戶的能力，因此決定將這一位員工

調職去擔任不同的角色。當這位客服人員發現她要被移出團隊，立即與經理溝通並且要求再給她一次機會，員工表示她在這之前並沒有認知到不進行改變的後果。主管同意了，兩週之後經理很驚訝的發現下一期的績效資料中，這一位員工交叉銷售的產品比團隊中的其他客服人員都要多。隨著時間推移，這位客服人員持續表現出所有團隊成員中最佳的交叉銷售績效。

在這個案例研究中，主管錯誤的使用 ADKAR 模型的**知識**元素開啟了與這個員工的對話（她以培訓作為開始），她沒有建立為什麼需要這個變革的認知，也沒有去評估這位員工支持和參與這個變革的渴望，當績效的問題浮上檯面時，她又把注意力放在交叉銷售產品的**知識**上；然而，這位客服人員是對於交叉銷售產品缺乏**渴望**，不是知識或是能力的問題，假如主管願意花時間去診斷這個變革的障礙點，她就會發現這位員工對於推銷產品給客戶感到不自在，這位員工過去只需要高興的接受客戶的訂單，然後掛上電話，直到她面臨著不交叉銷售產品會被降級，且後果是她將與她的同事成為不同的角色，至此她才做出個人的選擇來支持變革。與員工對談的品質和內容對變革的成功有著直接的影響。

與員工進行正確的對談

「**對談**」這個詞是特意用來表達變革期間主管和員工之間的互動。這個背景下所說的對談不是指辯論、爭吵、宣布或是說服，它僅僅是指談論變革而已。

主管應該對變革的各方面的對談保持開放。有些員工可能想

要討論過去失敗的變革和這個變革有什麼不同；其他人可能想要討論他們的個人情況以及這個變革將如何影響他們個人；還有些人想要爭論決定變革的理由，所有的這些話題必須是主管和員工之間有效對談的一部分。一個主管不應該假設員工會抵制變革，對談的目的是讓員工在專業的設置下把對變革的問題和擔憂分類出來。

讓經理和主管與員工進行有效對談的流程首先要從與主管一起管理變革開始。當變革在組織內發生時，主管和經理首先是一個員工，其次才是管理者。換句話來說，在他們能有效的對員工倡議變革之前，他們也有自己對變革的問題和潛在的議題需要解決。這代表專案團隊和高階發起人必須積極扮演管理組織內經理和主管變革的角色。

經理和主管也可能需要變革管理的培訓。一個普遍的錯誤是假設主管天生就是有效的輔導者和變革的管理者。有效管理員工變革的能力是一個需要被培養的技能，變革管理團隊要與人力資源部門合作以確保培訓計劃到位，並教導主管如何去管理變革，必要的時候也要提供阻力管理的課程。

管理持續的阻力

來自員工和管理者對變革的抵制是變革專案成功的一個共同障礙。當前的狀態對員工有強大的控制力。在史賓賽・強生（Spencer Johnson）的寓言故事《誰搬走了我的奶酪？（Who Moved My Cheese?）》裡，每個角色對於奶酪的改變有不同的觀

點 [3]，其中有一個角色對未知非常害怕，即使面對飢餓，他仍然拒絕改變。

在 Prosci 2005 年變革管理報告中 [4]，參與者研究指出員工抵制變革前五名原因是：

1. 員工並不理解企業需要變革的根本原因。

2. 擔心宣布裁員或恐懼成為變革的一部分。

3. 員工意識到他們目前缺乏需要的新技能。

4. 員工抗拒變革是因為他們想要維持個人在當前狀態下的報酬、成就感和滿足感。

5. 員工認為他們被要求用更少或相同的薪酬去做更多的事情。

管理者抵制變革的前五名原因是：

1. 失去權力、責任或資源

2. 無法負荷目前的責任和工作

3. 缺乏對變革必要性的認知

4. 缺乏管理變革的技能 – 認為他們沒有準備好管理員工的變革

5. 對進行中的變革感到害怕或是不確定

雖然這資料對抵制變革的主要原因提供了一般性的理解，資

料並沒有揭露為什麼一個特定的人會抗拒某個變革，因此，有幾項技術可以用來識別和管理員工對變革的抵制。

識別這個變革的障礙點

為了展開阻力管理的過程，管理者首先必須要考慮每個人的 ADKAR 模型中各個元素或基石的強弱，也就是對這個人而言什麼是這個變革的**障礙點**？舉例來說，假如這個員工的障礙點是**知識**或是**能力**，你不會想使用著重在**渴望**的阻力管理步驟。首先評估每個人在 ADKAR 模型中所在的位置，假如**渴望**被認定為變革的障礙點，那麼以下的方法對你將會有幫助。

傾聽和理解反對的聲音

在建立對變革的渴望時，第一個關鍵步驟是停止談論並開始傾聽。不善於阻力管理的主管和經理往往會嘗試從說服員工開始，假如這不管用，他們經常就訴諸於威脅對方。然而很多情況下員工只是想讓他們反對的意見被聽到，理解這些反對的意見通常會讓你清楚該如何找出解決方案。向員工詢問「你反對變革的具體理由是什麼？」或「對於這個變革你最擔憂的是什麼？」，然後傾聽員工的回答，這對建立渴望會很有幫助。通常抵制不是針對變革本身，而是變革會如何影響他們個人。

移除障礙

變革的障礙可能與家庭、個人問題、生理上的限制或是金錢相關，管理者必須要完全了解員工個人的狀況，那些看起來是變革的阻力或反對的意見可能是員工無法忽視的的障礙。清楚的識別障礙，並且確定企業能幫助他們解決個人障礙，或協助員工找到解決他們擔憂的問題的解決方案。

一個公眾服務公司的副總裁拒絕公司將他調到其他角色任職的變革。當執行長很直接的問副總裁這個變革的障礙是什麼時，這位副總裁回答：新的工作地點需要比他目前上班的 45 分鐘車程外再多一個小時，這將直接影響他最近對家人承諾會花更多時間陪伴兒子的課後活動。這個案例的變革阻力跟變革本身無關，而是變革對員工的個人情況的影響。

管理者往往不會向員工徵詢他們對變革具體的反對意見，以找出障礙，通常這些障礙可以被移除而且不會對變革產生負面影響。

建立個人呼籲

有些管理者可以藉由個人的呼籲並且利用他們和員工的關係來建立對變革的渴望。個人呼籲在誠實、具有高度信任和尊敬的開放性關係中效果最好。主管的個人呼籲可能聽起來像：

我相信這個變革。
它對我很重要。

我需要你的支持。

你能幫助我讓這個變革成功。

運用這個方法，隱含的信息通常是主管將在過渡期間照顧或關心員工。使用這種方法時要小心；確保你能夠履行這個隱含的承諾。

協商

很特殊的例子，例如收購或合併，可以經由協商的過程來管理阻力。在這些情況下，可能組織已經確定了一位特定的員工是過渡過程中的關鍵，並願意用金錢或更好的條件來獲得他的支持，這包括增加他們的收入、提供想要的工作職位或是創造一個獎金制度讓他們在成功完成變革後直接得到獎勵。另一種情況，員工可能會因為在過渡期間留下而得到獎勵，然後他們可以得到事先與公司協商好的遣散費。

提供簡單、清楚的選擇和後果

建立渴望最終是關於選擇。管理者可以通過清楚提供員工在變革中可以有的選擇來促進這個過程。必須與每個員工簡單明瞭的溝通，讓他們知道他們有什麼選擇和後果。

藉由提供簡單明瞭的選擇以及這些選擇的後果，管理者可以把主導權和控制權交還給員工。管理者可以清楚的說明渴望參與和支持變革的決定權是在員工身上的這個選項。

讓員工負責

　　一個企業的管理者必須能夠讓員工為自己的績效負責,因為這與企業中的變革有關 — 尤其當變革的阻力已經對企業和其他員工有直接的影響。管理者必須接受培訓,並且被授權使用組織內可用的任何方法讓員工為他們支持變革而採取的行動和工作績效負責。管理者應該理解糾正措施的流程和他們如何與人力資源部門合作以解決持續存在的績效問題。

轉變最強的異議者

　　管理者也可以通過具有強大聲量的異議者來管理群體層面的阻力。一個強而有力的異議者可以成為你最強的倡導者,一個強大的異議者支持變革的聲量可以和他們抵制變革時一樣有力。例如,近 2000 年前,在前往大馬士革的路上,保羅,早期基督教徒的最大迫害者之一,後來成為早期基督教會最持久且強力的傳道者之一。在你的群體或部門中,你可能認識某個聲量最大的抱怨者或每次總是第一個指出問題所在的人,這些人掌控了午餐和休息時間的交談。當我們對這些人進行一對一的交流以解決他們對變革的抵制時,這些直言不諱的員工就能變成變革的公開倡導者,而且他們的意見可以對其他員工產生積極的影響。

　　經理和主管在對員工建立渴望方面扮演著關鍵角色。他們是那些關於變革關鍵對談的核心;他們移除障礙並管理阻力;最

後，同樣重要的是，經理和主管通過他們的行動展示對變革的承諾，他們的行動為變革提供了一個可以建立強烈支持的可見模範。

策略 3 – 評估風險和預期阻力

全面的變革管理方法包括評估風險和降低這些風險來減輕變革阻力的流程。大多數變革管理方法都包含準備評估來協助這個流程，這些評估工具有助於在遇到阻力之前識別潛在的問題區域，通過提前解決這些風險或差距，在某些情況下可以避免阻力發生。這種主動採取措施防止或減少變革阻力的概念是優秀的變革管理方法的主軸，並且直接影響員工支持變革的渴望。有兩種類型的評估有助於確定風險和識別差距：

- 變革評估
- 組織準備評估

變革評估從組織的觀點，特別是從不同群體的觀點，來衡量變革的本質。優良的變革評估會衡量以下的要素：

- 變革的範圍 （工作群組、部門、事業群、企業）
- 被影響的員工數量 （按每個被影響的群體）
- 被影響群體的差異（所有群體受到的影響都相同或每個群體不同？）

- 變革的類型（簡單或複雜的變革）

- 流程、技術和工作角色改變的程度

- 組織重整和員工人數改變的程度

- 對員工薪酬的影響

- 變革的時間範圍（幾天、很多年）

- 變革與整體企業願景和方向的一致性

變革評估的目的是全面了解變革的規模和範圍，這個評估衡量了不同群體所受的影響，藉由比較變革未來的狀態和當前狀態，你可以看到組織內的整體差異或不同領域所需要的轉型，當與組織準備評估組合在一起時，你可以開始識別出阻力的潛在區域和組織面臨的獨特挑戰。

組織準備評估用來衡量組織對變革的整體準備程度。有些組織抗拒變革而有些則準備變革。優秀的組織評估內容包括：

- 過去變革的影響（員工對過去變革的感受是正面的，或負面的？）

- 變革容量（少量變革在進行，或一切都在改變？）

- 過去變革的成功（過去的變革成功且管理良好，或許多過去的變革專案失敗且缺乏管理？）

- 有共同的組織願景和方向（是否有廣泛分享且一致的願景，或是有許多不同的方向和不斷變動的優先度？）

94

- 資源和資金的可用性 （是否有充足的資源和資金，或有資源和資金的限制？）

- 組織的文化和對變革的反應 （是開放且接受新想法和改變的文化，或封閉且抗拒的文化？）

- 組織鞏固 （員工會因承擔風險和接受變革而被獎勵，或因一致性和穩定而被獎勵？）

　　變革評估和準備評估的組合讓你可以衡量變革將對組織產生的整體影響。這種類型的分析可以讓特定群體面臨的獨特挑戰浮現，使專案團隊識別潛在的阻力區域。例如，變革評估可能顯示變革對銷售部門有重大影響，而組織準備評估表明銷售部門的文化和過去變革歷史是僵化且抗拒變革的，這將需要制定特殊的策略來解決銷售部門潛在的阻力。在建立**渴望**方面，這些變革和組織評估都是在變革過程的初期階段用來識別和降低阻力的主動規劃工具。

策略 4－動員員工參與變革過程

　　你越能讓員工參與變革過程，他們支持並參與變革的渴望就越高。有些型態的變革，管理者只溝通**什麼**需要改變（著重結果）的效果比告訴員工**如何**去做來得好。並不總是要準確地告訴員工如何完成變革，反而只需要分享企業的目標，然後讓他們決定該如何最好的實現這個目標。這個過程將解決方案的主導權轉

移給員工。

員工的參與以及擁有所有權自然會建立支持變革的渴望，從開始就參與的員工最終很有可能成為盟友。參與創造了對成功的熱情和承諾。

當你在考量被變革影響的許多不同群體時，誰是那些群體內具影響力的人物？員工會向誰尋求最新的訊息？誰是意見領袖？動員這些人參與變革會對整個變革的成功有重大的影響。

員工在變革的過程中可以扮演幾個角色，他們可能被邀請參加設計團隊，以這個身分，他們有助於開發最終解決方案；他們也可能被邀請去參加變革管理團隊，在這個角色中他們將擔任各自領域的發言人，並且幫助他們的群體設計變革管理策略；他們可能是新設計方案試行計畫的一部分，讓專案團隊能取得初期的回饋和想法來改進方案。在變革過程中動員員工參與是一種強而有力建立支持的方式。

策略 5 – 與激勵計劃保持一致

假如存在激勵計畫，他們必須重新調整以支持變革渴望的行為。例如，職場上銷售人員通常因達到了特定目標或目的而得到報酬，若這些目標或目的與變革不一致，那麼持續舊行為的動機就仍然存在。記得之前提過一個影響**渴望**的因素就是「對我有什麼影響 （WIIFM）？」，假如員工因現有的激勵制度而認為變革對他們將有負面影響，那麼他們對變革的渴望將比完全取消舊的激勵計劃或重新設計激勵計畫來支持變革的渴望還低。

　　變革通常還需要更新績效管理系統。即使財務補貼沒有與實際績效指標直接相關，員工的行為也很大程度的受衡量方式所影響。若衡量系統和變革不一致，那麼員工可能就會抵制實施妨礙他們實現績效目標能力的變革。

關於建立渴望的常見問題

假如今天員工支持變革，你能夠期待他們永遠都支持變革嗎？

　　員工可能對變革的整體理念做出正面的回應，尤其當他們在組織裡明顯的看到必須要變革的證據。但之後，他們可能會抵制同一個變革，這取決於變革對他們個人的影響。而有些員工可能在了解變革本質及「對我有什麼影響（WIIFM）」後，在支持和反對間搖擺不定。

抵制變革是正常且可以預期的嗎？

　　你可能已經聽過「抵制變革是正常的」的論述，一般而言，我相信這個論述是正確的，然而你必須非常小心，不要擴大解釋為「員工都抵制變革」。作為一個群體，隨著時間的推移我們已經證明我們具有很強的適應能力。為了瞭解為什麼人的抗拒是人類正常的反射行為，你必須考慮到一個人可能會遭遇的三種狀況。第一種情況是個人已經滿意他們的當前狀態。他們已經在當前的狀態中找到成功和快樂，他們可能花了很長的時間才創建了這種

狀態。第二種狀況是個人反對當前的狀態。他們可能經歷過失敗或壓迫，他們最可能會把當前狀態視為不快樂的原因，並會強烈支持變革。第三種的情況是冷漠或中立的人。這種情況，這個人可能對當前狀態沒有太多投入或對某種狀況很陌生，此時他對周遭所發生的事件是個旁觀和觀察者。假如你發現自己處於第一種狀況，那麼變革阻力就在意料之中，而且這是對變革的自然反應。然而，假如你處於第二種狀況，那麼你可能就是變革的倡議者。我們對變革的反應很大程度取決於我們當前的情況。

激勵可以用來創造渴望嗎？

這個答案因人而異。使用獎勵或懲罰去影響渴望的概念有點狹隘，因為許多因素會影響個人的選擇，不僅是對獲得的希望或失去的恐懼，不是所有的人都可以被金錢所激勵。例如，當人們面臨他們自己的價值與組織的價值之間衝突時，通常他們對金錢獎勵不會有反應。更有效的方法是通過有效的輔導了解對那個人來說什麼是重要的，然後圍繞著對他重要的事情來建立渴望。

誰是管理中階管理者的阻力的最佳人選？

中階管理者的抵制被認為是最常見的變革阻力來源。通常中階管理者損失最大，因為他們看到自己的權力或控制權在多樣的變革下被侵蝕。想想他們的立場，他們不做策略性的決策，也不執行直接的日常工作，通常只管理員工和預算。他們能控制的範

圍與管理的人員及運行這些業務有關的財務直接相關。當變革被引進而影響了人或錢的時候，有些中階管理者會取得控制權，有些則會失去控制權。有些人可能將變革視為他們成功的回應；而其他人則認為變革是他們失敗的聲明。其中許多變革將影響他們的職業生涯，因此部分中階管理者抵制變革是非常普遍的現象。有鑑於這個管理層級行政上的本質，只有他們的直接主管或是在指揮鏈的資深管理者可以管理他們對變革的抵制。有些情況下，主要發起人也可能扮演協助這個過程的角色。

你如何對那些本身就抵制變革的管理者進行變革管理培訓？

　　一些正在實施變革的專案團隊發現在實施重大變革專案的過程中很難對經理和主管進行變革管理培訓。這個困境是可以理解的，為什麼一個抵制變革的管理者會想要學習如何有效的管理他們員工的變革？這個問題的解決方法是把這個工作分為兩個部份。首先，管理經理和主管的變革，他們必須具有對變革的必要性的認知和參與這個變革的渴望；其次，教導他們如何管理他們員工的變革。任何時候當你把培訓或**知識**放在**認知**和**渴望**的前面時，你會對結果感到失望；相反的，當具備**認知**和**渴望**時，人們自然會去尋求如何成功的**知識**。

結論

　　有幾個策略可以用來建立支持和參與變革的**渴望**。高階主管的倡議在這個過程中是非常重要的，高階發起人可以藉由以下方式影響渴望：

- 自始至終積極可見的參與整個變革過程

- 與關鍵的業務管理者建立倡議聯盟

- 與員工直接溝通並圍繞著未來狀態創造活力和希望

　　經理和主管們通過幫助員工理解變革來影響他們對變革的渴望。他們有助於溝通「對我有什麼影響 （WIIFM）」以及與每位員工討論變革。他們是詮釋者，他們幫助員工了解這個變革，因為這關係到他們個人情況和作為員工什麼對他們是重要的。經理和主管是管理持續且具威脅的阻力的第一線，他們必須要有工具來適當處理那些拒絕支持變革的員工。

　　變革準備評估幫助變革管理團隊識別潛在問題區域，並且制定出能在問題發生前主動避免阻力的特殊策略。這個過程幫助變革管理團隊理解當前的局勢和任務的規模。

　　員工參與變革過程中，讓員工參加最終解決方案的設計、開發、測試和執行。直接參與變革並具有所有權是建立認知最快的方法。

　　激勵計畫和績效管理系統必須和變革保持一致並能支持變革，員工被評估和獎勵的方式將會強烈影響他們的行為。

　　成功的變革專案將他們的精力集中在發起人和管理者可以採取的積極措施上，以創造圍繞著變革的活力和參與。阻力不是作為主要活動來管理，而是作為在建立渴望的更大戰略中的一個元素。

第十章
發展知識

發展**知識**是多數專案團隊的主要活動。他們認為培訓對新的流程、系統和工作角色的成功是有幫助的。事實上,有些專案的領導者會直接跳到這個主題而很少考慮 ADKAR 模型的前面幾個元素。很不幸的,直接跳到**知識**對專案的成功有許多影響。

有一個極佳的案例可以用來說明這個潛在的影響。有一個客戶服務中心每一年會接到數百萬通的客戶電話,在對客服中心的流程及系統重新規劃後,產生了兩個重要的專案,兩個專案預估都可以大量降低操作成本。

第一個專案是推動客戶自助服務。使用自動電話系統來回答常見問題,並且客戶不需要與客服人員通話就可以查閱自己的服務訂單狀態。自動語音系統可以處理的電話越多,客服人員花在處理需求的時間就會越少。

第二個專案是引進一個客服人員的知識庫系統。這個系統讓員工能夠處理大範圍的客戶問題以及解決更複雜的問題。這個知識庫的系統將提供搜尋功能,容易存取的故障排除資料,並讓客服人員每天將新資訊輸入系統。最終這個系統就會「更聰明」,而

且使用得越多就越有價值。

　　兩個不同的團隊被指派到不同的專案。採用客戶自助服務系統的專案團隊開始去思考他們的執行策略，他們從評估客戶的組成，並考量哪些客戶會使用自動語音系統而哪些不會。他們還考慮到初期客戶使用這個系統的比例會比較低，然後隨著時間的推移會逐漸增加，他們明白並不是所有的客戶都會喜歡這個菜單驅動的電話系統。在他們開發新系統的業務案例時，對系統在第一年、第二年、直到第五年的總使用量做了假設，這些假設幫助他們制定了一個總成本節省的務實的財務預估。

　　當客戶自助服務團隊開始實施系統時，他們以對客戶建立認知為起點，溝通則著重在建立有一個新的應用系統已經完備的認知上。隨著時間推移，宣導手冊、帳單訊息和錄音訊息開始聚焦在選擇自助服務的好處。這個團隊開始佈署時著重在 ADKAR 的前兩個元素，**認知**和**渴望**。他們明白最終的控制權在客戶，使用這個系統或退出系統並選擇與客服人員對話是客戶的選擇。當新系統上線以後，他們的財務預估和對客戶使用系統的假設出奇的準確，一段時間後企業從這個專案節省了可觀的成本。

　　知識庫團隊從精心設計員工培訓課程開始實施他們的策略。他們把新系統的**知識**視為專案成功的因素，並想要確保切換到新知識庫系統時員工已經做好充分的準備。當他們準備企業案例時，主要的焦點放在系統上線後每一通電話所節省的成本，他們假設所有員工都會使用新系統。

　　在系統完全上線後，專案團隊很驚訝的發現有些客服人員完全沒有使用新工具，而其他的客服人員也不常使用新工具。

　　到底發生了什麼事？知識庫的團隊著重在非常不同的 ADKAR 模型元素上，他們從**知識**和**能力**開始，他們假設當系統上線，所有員工都會充分利用新工具。知識庫團隊假設「如果你建造了它，他們就會使用它」，這個團隊還做了另一個沒有說出來的假設，「員工沒有選擇不用的權利」。

　　另一方面，客戶自助服務團隊從**認知**和**渴望**著手，他們假設客戶有選擇的權利，並且使用的程度會隨時間而改變。他們認為必須先對客戶建立認知和渴望，然後客戶才會選擇使用新的自助服務工具。

　　每個團隊對於各自的受眾對變革的接受程度有非常不同的假設。從這個案例得到的關鍵教訓是**知識**不是管理變革的起點，培訓本身不能解決問題，嘗試去建立知識只有在「變革的學生」想要參與變革過程，並追求幫助他們成功的知識時才會有效。認知和渴望不能被認為是理所當然的，即使是那些受變革影響卻備受限制的受眾，也就是公司的員工。

　　在變革中建立員工的知識對專案團隊來說還存在著其他的挑戰。成人學習是一個複雜的領域，而且是職場上建立知識的重要基礎。成年人想知道為什麼所學的主題對他們來說是重要且和他們相關，若他們不能將培訓中提供的知識連結到一個迫在眉睫的問題，那麼他們對這個主題的專注力和知識的記憶程度就會降低[1]。再者，假如員工沒準備好學習，而參加培訓只是因為主管要求，那麼他們不僅不能將學習與業務問題連結，甚至可能根本不想上課。

　　依知識傳遞過程進行的方式，成年人也只會記住培訓內容的

一部分。研究顯示，成人只能記住閱讀內容的一小部分，聽到的
內容記得的略多一點，觀看示範則大約可以記住一半。而記得最
多的學習模式 [2] 是將學習內容實際應用在他們當前的問題上。

大部分變革領導者或專案團隊成員對成人學習過程並不熟
練，也不是專業的培訓師或教育者。然而，為了使變革成功，專
案團隊必須提供所需的技能和行為方面的知識。許多情形下，採
用專業的培訓開發人員和講師來支持這些專案更能使專案團隊受
益。

下面章節列出了一些發展知識最常用的策略：

策略 1 – 有效的教育訓練課程

策略 2 – 工作輔助

策略 3 – 一對一的輔導

策略 4 – 使用者群組和論壇

策略 1 – 有效的教育訓練課程

培訓計劃是用來建立**知識**的主要管道，但必須經過適當的設
計和交付。在企業環境中，培訓計畫應該包括實際操作和示範，
而不是只著重講課和閱讀。影片、網路研討會和其他多媒體課程
都是建立知識可行的方法，但是要知道這些型態的課程與實作活
動比較起來還是有局限性的。概念可以經由多媒體的管道傳達，
但是關於工具的使用和流程的知識則只有當這些工具在學習課程
中被討論和應用才能最大程度的被記住。

在設計培訓課程時，需要對當前狀態和未來狀態之間存在的知識差距進行評估，這個差距分析說明了員工今天所做的事情與他們明天必須做的事情之間少了什麼，這是訓練開發過程很正常的一部分。然而，了解完成過渡所需的知識同樣重要，但卻經常被忽視。變革很少只是單一事件，在過渡期間，許多原先的流程和系統需要與新流程和系統並行，如此可能會出現與員工在培訓中所學內容不符的狀況。培訓的需求和因而產生的培訓課程應該解決如何在未來狀態下運作以及如何過渡的新的工作方式。

評估當前狀態和未來狀態之間差距的一個有用技術是為員工編寫新的工作說明書，新的工作說明書應該詳細說明在過渡期間和之後執行該角色所需的知識和技能。在主管的直接參與下，這些工作說明書可以做為確定當前狀態和未來狀態之間的知識和技能差距的工具。人力資源部門在這個過程中發揮至關重要的作用。

最後，盡可能將培訓時間安排在接近實施的時間。請記住，學習新技能和在實際情況中應用這些技能之間的時間間隔越長，能記住的知識會急遽下降。

策略 2 – 工作輔助

許多類型的知識內容超出了人們容易記住的範圍。檢查表和模板等工作輔助使員工能夠遵循更複雜的流程。對於系統安裝啟用，在線協助文件和指令服務有同樣的作用。這些工作輔助可以是紙質文件或快閃卡片，當整合到系統軟體時，工作輔助工具可

以派上用場，類似一些流行的軟體公司用他們的動畫助手來提供提示和幫助。提供在線協助工具的知識庫系統或故障排除系統也是為員工提供工作輔助的有用方式。

策略 3－一對一的輔導

即使有最有效的培訓計劃，大多數員工也需要一對一的輔導。因為每個人學習的方式和速度都不同，一對一的輔導允許培訓員根據個人面臨的獨特障礙提供定制的教育內容，在某些情況下，學習的障礙可能與內容無關，而與其他主題有關。正式培訓結束後，這個「培訓員」往往是員工的直接主管。

例如，當一家行銷公司部署新的桌面軟體時，一些資深編輯的學習曲線似乎非常長。在與其中一位編輯坐下來交談後，主管注意到這個人只用兩根手指打字，而且很少使用滑鼠。由於新軟體需要較高的電腦使用技能，包括使用鍵盤和滑鼠能力，該編輯難以學習新軟體，因為他打字和使用滑鼠的熟練程度過低。發展知識的障礙與新系統的內容完全無關，而是這個人獨特的個人障礙。

為使一對一的輔導成功，主管或被指派的導師需要具備這方面服務的能力，必須能深入的培訓或以前有變革的經驗，且確保教練所教導的知識是正確且完整的。假如目前的管理者無法勝任，那麼一對一的輔導也可以通過與變革專家溝通來達成。這些專家可能來自培訓小組或外部組織，也可能來自組織內其他部門。

一個連鎖潛艇堡餐廳提供了一個以經驗豐富的員工來指導新進員工的絕佳案例。我親身經歷過一位新人因為沒有正確的製作我的三明治而被資深員工打斷，新員工並沒有受到責備，一位同事停下手邊的工作，向新員工示範作法並告訴他為什麼要這麼做。做為一個顧客我當然不會在意多等 30 秒，並且我感激我的三明治被正確的做好，此外，我很高興聽到新員工的其他問題都被耐心的回答了，這樣的方式才是正常業務流程的一部分。

一對一的輔導對你的培訓課程至關重要，在許多情況下，員工經常是在親自執行變革的數週或數個月前就接受培訓。知識可能會隨著時間而被遺忘，麥爾坎・諾爾斯（Malcolm Knowles）發現一種時間觀(time perspective)，關於人們留存知識的成熟條款。換句話說，我們年齡越大，培訓後就越需要立即執行 [1]，因為並不是所有的培訓課程都能夠以「即時（just-in-time）」模式提供，而一對一輔導能在實施時提供即時的知識傳授。

策略 4 – 使用者群組和論壇

從同儕間學習是強而有力的，員工認同並可以與同事們的經驗交流，使用者群組和論壇都是員工相互學習的管道。系統建置常常利用「超級使用者」的概念來指定一群已經精通執行工具且能教導其他人的員工，這些超級使用者們通常有自己的共享論壇，也會為其他新加入變革實施的員工組織論壇。

例如，客服中心經常使用客服論壇來分享有關於新系統、流程或工具的知識。在這些論壇中，客服人員分享他們的經驗、如

何處理不同的狀況，以及工具如何幫助他們。一個供應商很驚訝
的發現客服論壇上找到的銀幕切換捷徑方式比他們所知道的還
多。客服論壇提供一個完整且持續的教育步驟，增強了他們在培
訓中所學習的知識。

使用者群組和論壇提供員工體驗式學習。體驗式學習對成年
學習者更有效。梅里亞姆和卡法雷拉（Merriam and Caffarella）[3] 指
出，成年人不斷累積的經驗是豐富的學習資源，使用者群組和論
壇能夠利用這個資源，讓員工成為學習過程的一部分。

結合傳統訓練、工作輔助、一對一輔導和有效的同儕指導能
為你的變革建立堅實的知識基礎。當一起使用時，這些技術能讓
員工建立知識，並應用這些知識在即時(just-in-time)模式中來支持
變革。

關於發展知識的常見問題

ADKAR 模型內的知識等同於培訓嗎？

ADKAR 模型中的知識僅指有關如何變革的資訊和釋義。另一
方面，培訓計畫通常包括提升實作應用和模擬的能力。換句話
說，一個設計良好的培訓包括知識轉移和將新知識應用在實際狀
況所需要的練習。

發展知識有可能引起某個人失去支持變革的渴望嗎？

　　新獲得有關於支持變革所需的技能和做法的知識可能會對員工參與變革的渴望有負面的影響，這可能是因為在第一時間員工並沒有被充分的告知變革的本質和「對我有什麼影響」。也就是說，輔導過程中未能建立認知。假如員工在培訓課程中第一時間就了解變革對他們的影響，他們可能會改變心意來支持變革。培訓不能被用來取代直接主管的良好輔導。

知識和能力的差別是什麼？

　　知識代表對變革有關的特定資訊的認知理解，以及在知識層面上對如何變革的理解；**能力**是實施變革的實際能力，例如，我可能從觀看視頻或上網球專家的網球課後知道網球比賽是如何進行的，但那不代表我就會是一個優秀的網球員；青少年可能從「安全駕駛」課程了解駕駛汽車的基本原理，但那也不能使他們成為好駕駛。**能力**是在組織內將知識轉化為行動來實現預期的成果。

結論

發展知識需要廣泛的活動，使每個人都可以用對他們最有效的方法來學習。這些活動應該包括：

- 正式的教育訓練計畫。

- 員工返回工作崗位後隨時可取用的工作輔助。

- 主管或主題專家的一對一輔導 。

- 使用者群組和論壇 （同儕群組分享經驗）。

第十一章
培養能力

每一位員工發展有關新流程、工具和工作角色的能力都不盡相同，有些人會自然而然的進入新的工作方式，而有些人可能會很掙扎。

使用培訓課程作為主要變革管理工具的管理者可能會認為**知識**會自動引導出**能力**。對那些認為實施變革等同於培訓的管理者來說可能會有兩個常見的陷阱。首先，如果接受培訓的員工沒有**認知**到變革的必要性或根本沒有支持變革的**渴望**，那麼培訓可能會是無效的；其次，培訓員工並不總能帶來以新方式、新流程或新工具行事的能力。知道如何去做某事和有能力去做某事並不一定是同一回事，回顧第五章所涵蓋的能力的潛在障礙，包括了心理障礙、生理限制、聰明才智、資源和時間的可用性。

在變動的環境中有許多策略可以用來培養員工的能力。

策略 1 – 主管的日常參與

策略 2 – 運用主題專家

策略 3 – 績效監測

策略 4 – 培訓中的實作練習

策略 1 – 主管的日常參與

　　在變革的這個階段，主管對員工扮演重要的輔導角色。通過一對一的員工輔導，主管可以很快的找出同事間的能力差距，對於變革很多員工需要有人動手示範或有模範。員工還需要知道如果他們嘗試新的方式工作，但失敗了，不會有不利於他們的後果，這一點在主管為變革奠定基礎時對員工有巨大的影響。培養能力需要時間和練習，必須要有一個安全的環境讓員工練習新技能和工作角色，並有些人提出糾正、指導和支持。

　　這個過程開始於主管讓員工知道實施變革需要時間和練習，而且犯錯和失誤是學習過程的一部分；接著主管必須鼓勵員工實施新的變革，即使這個流程在第一次運作並不完美；主管還需要建立一個安全的方式，讓員工在變革沒有如預期發生時可以尋求協助並提供回饋。藉著保持這個管道的暢通，變革不順利時管理者可以快速的確定是員工的能力問題或與變革的其他部分有關。例如，一個新系統可能存在軟體問題或新的流程可能沒有考慮員工會遇到的特殊情況，假如回饋的管道不暢通，那麼在系統實際上出現問題時，員工就會覺得挫敗。

　　主管可能不了解他們在管理變革中所扮演的角色的程度和深度。如果你期望他們擔任輔導的角色，那麼對主管的培訓是至關重要的，因為這與能力有關。你必須培養主管為下列的活動做好

準備：

- 如何為正在實施新流程、工具和工作角色的員工提供一對一的輔導；主管應該要能為所需要的能力提供示範並成為模範。

- 如何建立一個允許員工練習、犯錯而不受懲罰的安全環境。

- 如何為變革管理團隊建立識別流程或工具差距的回饋管道。

策略 2 – 運用主題專家

主題專家在變革的這個階段也是非常有用的，除了提供有關變革的知識以外，主題專家或經歷過變革的員工可以對其他員工提供直接的協助。要讓這個做法可行的關鍵在於讓員工知道他們可以找誰協助，有些公司會設立一個服務台，員工可以撥打電話詢問問題；其他公司則提供導師或主題專家的姓名和聯絡訊息。

在變革的這個階段很難確定變革的障礙是因為能力或是對變革的知識不足。許多員工直到任務已經迫在眉睫才開始學習，這時專家、導師和他們的主管可能更多的是填補知識落差而不是培養能力。由於每個人都必須自己發展能力，這些資源的存在只是在這個過程中協助員工。例如，你若看到一個人在學習如何打字（培養鍵盤輸入的技能），你會明白你對他們的幫助很有限。最後員工只需要時間練習、犯錯並找出適合自己的方法。

策略 3 – 績效監測

衡量和績效評估在培養能力方面也發揮了關鍵作用，組織需要知道變革是否按照設計實施著，而員工需要回饋哪些他們做得很好，而哪些方面需要改進。在缺少衡量和績效評估的情況下，你可能永遠不知道員工是否發展了正確的能力或變革是否被正確的實施。當出現與變革的員工培訓不相符的問題時，許多變革就會停滯不前，這種情況員工可能修改新的流程或是恢復到以前的做事方式。衡量和績效評估幫助主管和專案團隊成員了解變革在哪方面是成功的以及在什麼情況下是失敗的。

策略 4 – 培訓中的實作練習

除了為員工提供知識以外，有效的培訓課程設計應該包含實作活動，讓員工在不同工作場景下測試他們剛學習的新知識。使用新工具和流程進行角色扮演、模擬和實作練習，讓員工可以在一個可控的環境中培養能力。舉例某人藉由看高爾夫球指導影片學習如何打高爾夫球，或和當地的高爾夫球選手並肩一起打球，兩相比較，實際將知識應用在可以反映真實工作環境的不同情境，更能加速培養能力的過程。

關於培養能力的常見問題

績效不好（能力不佳）有沒有可能實際上是對變革的變相抵制？

工作延宕和工作績效不好可能是對變革的變相抵制，這時應該要謹慎的對每一位員工的情況進行一對一的評估。經過變革管理訓練的主管能夠區分出是抵制或能力問題，並執行改正措施。

你如何處理那些無法在新環境下發揮作用的員工？

回想前面提供有關於交叉銷售產品表現不好的客服中心人員的例子，在這個案例中，主管犯了一個錯誤，認為**知識**或**能力**是問題所在，事實上，後來顯示**渴望**才是障礙點。當員工在新環境中表現不如預期時，首先去驗證他們在 ADKAR 模型中的位置，並且去解決第一個薄弱環節 （被辨識出來的障礙點）。如果這個環節是**能力**，就要考慮這位員工過去有多少時間來培養所需的新技能；可以提供哪些額外的支持來幫助他們完成過渡階段？請記住，變革是一個過程，有些員工會需要比其他員工多一點時間，假如一段時間之後你的改正措施沒有成功，那麼這個員工可能需要轉換到其他工作崗位或尋找組織外的其他機會。

結論

能力是在期望的績效水準下執行變革的實際能力。能力不等於知識，也不是培訓課程自動產生的結果。專案團隊應該在員工培養能力的過程中提供多種協助管道，包括：

- 主管的日常參與 （這會建立一個輔導關係，為學習新技能和行為創造一個安全的環境）

- 運用主題專家（將知識差距縮小，並有一對一的示範）

- 績效監測（以便根據變革的預期成果來衡量已取得的進展）

- 培訓中的實作練習（在嘗試工作的新流程或新工具前提供練習）

第十二章
鞏固變革

鞏固是 ADKAR 模型的最後一個元素，在維持變革的必要機制都到位後達成。

藉由有效的鞏固，你可以避免在變革初次佈署之後失去動能，並且可以避免員工回到原來的工作方式。通過建立鞏固機制，達成專案目標的可能性大幅增加。

一個因缺乏鞏固措施而導致變革失敗的例子發生在一家銀行，該銀行嘗試在整個組織內佈署品質改善工具和流程。這個專案由資訊技術部門的副總經理發起，他從整個企業各部門組織了一個跨功能的團隊，經過仔細的評選過程，他的團隊選定了一套方法和工具集。這個團隊詳細制定了專案計畫並嚴格執行該計畫，高階業務主管參與並倡議這個變革；培訓部門在外部供應商的協助下制定了培訓課程；資訊技術部門將工具和資源放在網上；資訊技術部門的副總經理有效的向員工和其他資深業務領導溝通品質工具的必要性。

當這個培訓計畫開始佈署時，實施團隊直接監督該計畫，他們管理所有的溝通並安排每一場的培訓活動。他們積極努力的在

118

整個組織「推銷」品質工具和流程的意願。實施過程進行得非常順利，所有課程都爆滿，計畫非常成功。

但接著發生了一個重大的錯誤。在計畫實施的初期階段，專案團隊被解散了，培訓計畫被轉移到一個現有的負責製造部門品質的團隊，這個培訓團隊將這個品質改善計畫加入他們的標準課程中，並把它當成一般的日常作業，如此這課程就變成公開招生課程的一部分。專案團隊解散之後的一年內，已經有六個課程被取消，員工對這個計畫的興趣消失了，從實務上來說，這個計畫已經失敗了。

這個案例中所發生的事情也可能發生在其他缺乏鞏固的變革中。實施團隊所犯的第一個錯誤就是假設管理變革基本上就只是去完成專案計畫中的活動，他們完成了計畫，但在沒有確保變革穩固且鞏固機制到位的情況下就解散了。他們未能評估變革的進度；未能在佈署進行後為組織進行評估；他們沒有為持續問責制度建立一個流程；評估變革成功與否的衡量系統沒到位；沒有採取改正措施以解決出現的問題；最初的倡議力量很強，但在最需要的時候卻減弱消失；沒有表揚和獎勵計畫；變革沒有深入到組織文化或價值系統中。以上是對這個失敗案例的診斷。

下面提出幾種建立鞏固機制的策略，這些當然不是維持變革僅有的策略，你們的團隊應該依據你們的狀況考慮哪些方法能產生最好的結果。 包括：

策略 1 – 慶祝和表揚
策略 2 – 獎勵

策略 3 – 員工回饋

策略 4 – 稽核和績效衡量系統

策略 5 – 責任制度

策略 1 – 慶祝和表揚

　　經理和主管在表揚員工和慶祝成功方面扮演一個關鍵的角色。在變革過程中，員工視他們的主管為首選的訊息發送者，而且這些管理者是以有意義的方式表揚員工的最佳人選，主管有許多不同的工具來完成這個任務。多數主管犯的最大錯誤就是他們忘記了這一步驟或是忙於其他任務。

　　主管表揚員工的第一種也是最簡單的方式就是私下非正式的一對一的對談，這也是最有效的方法之一。主管應認可他們所完成的變革、為變革所付出的努力和所看到的結果。主管應該直接感謝員工在整個變革過程中的支持和辛苦付出，這種表揚的目的是讓員工感受到他們對變革的貢獻是被真心的感謝。

　　第二種方法是公開的表揚。這個方法能表彰表現出色的員工以及為變革樹立榜樣。如果只表揚少數人必須小心，其風險在於主管可能會疏忽了其他認為自己付出的努力不少於或超過被表揚者的人。

　　第三種方法是透過集體慶祝。當變革達成一個重要的里程碑時，主管應該找出對群體來說有趣的活動或事件來慶祝，舉例可以從披薩午餐的小型活動到團體郊遊和體育類的大型活動。

　　主要發起人在成功變革的鞏固過程中也扮演一個關鍵角色，

這不是一個可以或應該委派他人的責任。變革主要發起人必須像他或她發起變革時一樣積極公開表揚變革關鍵階段的成就；員工期待負責人分享變革的最終成果並慶祝這個成就；員工視首席執行官為首選的訊息發送者和傳達企業變革的本質的最佳人選；當變革成功時，員工也想從這位領導人口中聽到訊息。對於有些組織而言，慶祝活動是違反企業文化的，這時主要發起人必須想辦法找到對員工有意義的方式來公開慶祝變革成功。

　　主要發起人還應該尋求短期的成功 — 那些在變革初期過程取得的快速勝利。若慶祝並表揚這些初期的成功，變革的動能就能因此建立，如果忽略了初期的成功，圍繞著變革的能量就會慢慢的消失。在某種程度上，這些初期的成功必須被誇大慶祝，以表明對所期望行為的認可，並為變革樹立模範。

策略 2 – 獎勵

　　在某些狀況下，獎勵可以用來鞏固變革。你可以確定績效目標，當目標達成，員工就會得到獎勵。在客戶服務中心客服人員對交叉銷售產品有困難的案例中，客服人員對推銷產品給客戶有困難，若以金錢作為激勵，每向客戶交叉銷售一個產品，他們就能獲得 15% 的增額收益，這被視為一種鞏固機制用來直接獎勵銷售更多產品的客服人員的能力。

　　假如在初期過程中獎金紅利或其他激勵被當作阻力管理的工具或用來建立變革的動機，那麼管理者始終遵守這些承諾就至關重要，給予激勵的過程跟非金錢上的表揚應該是類似的。管理者

應該認可員工對於轉型的努力和辛苦付出，他們應該感謝員工對變革和組織成功的貢獻。

有些人會問激勵是一種**鞏固機制**還是用來建立**渴望**的方法？這個問題的答案要看在什麼時候提供激勵，假如所提供的激勵是用於尋求支持和參與變革的方法，那麼激勵的目的就是建立渴望；若提供的激勵是員工成功實施變革的結果，那麼激勵就是以鞏固為重點。通常，著重在鞏固的激勵最好用「獎勵」這個專有名詞，因為他們的目的是用來肯定和獎勵已經完成的事情。

策略 3 – 員工回饋

鞏固變革的一部分是去了解員工對變革的反應。你可能會驚訝於專案團隊在變革開始實施後通常從未詢問員工變革進行得如何，也不會向員工蒐集資料。通過訪談、專門小組或問卷調查等蒐集回饋的過程，可以幫助專案團隊了解變革進行到哪裡及變革在哪裡遇到困難。

策略 4 – 稽核和績效衡量系統

合規的稽核和績效衡量系統是確定變革採用率的重要工具。這些工具可從變革流程或系統，以系統使用數據、流程檢查表或其他與變革系統相關為基礎產出結果。合規稽核不應該被視為專案團隊的負面活動，你應該主動了解有多少員工正在使用新流程和系統。他們對新流程或工具的熟練程度如何？有多少比例的員

工完全沒有參與變革？有多少員工在變革中掙扎？低採用率和不合規的根本原因是什麼？

只有完成正式評估和審核績效資料你才能知道變革是否正在落實，有了這些資料，專案團隊就可以確定失敗的根本原因並採取糾正措施。

策略 5 – 責任制度

有效的變革包括對日常的企業經營建立責任制度。如果一個變革已經實施，但沒有進行績效評估計畫或薪酬系統等相關的變革，這個變革就缺少問責機制。如果變革有改善績效的目標，這些目標必須整合到管理者的季度或年度目標。未能在系統中建立責任制度會讓進行中的鞏固元素失敗。

在系統中建立責任制度在本質上是指企業中的領導者和管理者已經承擔變革的責任，並且直接為變革的成功負責，再將責任從專案團隊轉移回到業務單位。若要持續和充分實現變革，責任制度必須存在於業務的日常營運作業中和相關的管理者身上。

關於鞏固變革的常見問題

那個鞏固方法是最有效的？

最有效的鞏固方法取決於個人和情境，最重要的是鞏固和表揚的過程對於個人是有意義的。Prosci 的研究顯示，許多情況下最

有效的鞏固方法是員工的直屬主管個人向員工表達感謝；而其他
狀況，高階發起人積極的和可見的鞏固也是必要的。

是否有些類型的鞏固措施會適得其反？

有些鞏固變革的行動可能會沒效甚至產生反效果，例如提供
一個無關的獎勵。舉例提供一台 DVD 播放器給從來不看電視的
人，對員工來說就不是鞏固。當整個團隊對變革成功都有貢獻時
卻只表揚某一個人，這可能會對那些貢獻未得到認可的人產生負
面影響。最好的鞏固措施就是對個人或群體有意義且公平的行
動、語言或獎勵。

對客戶呢？ 這個過程可以適用在他們身上嗎？

雖然客戶並沒有很明確的在每個章節中被當成一個變革的受
眾，但 ADKAR 模型中所描述的每個變革的基石對供應商或客戶都
是適用的。在政府機關的變革，公眾也是變革的受眾；在學校系
統的變革，老師、家長和學生都會受到影響，如果這些變革要成
功，就需要達成 ADKAR 模型中的每個元素。

結論

鞏固變革和第一次溝通建立對變革需求的認知一樣重要。鞏
固是「最後衝刺」和變革收尾的過程。簡而言之，鞏固變革可以

是強化和維持變革的任何事件，包括：

- 慶祝和表揚（即使表揚很小的成功）

- 獎勵 （是相關且有意義的）

- 員工回饋

- 稽核和績效衡量

- 責任制度 （為了長期維持變革）

第十三章

ADKAR

實現五個元素的總結

前面五個章節介紹了可用來實現 ADKAR 模型每個元素的方法和策略，這些策略的總結如下。這個總結不是要規定管理變革的流程或步驟，本書所介紹的達成 ADKAR 模型每個元素的方法並不意味著是個詳細或完整的清單。這些章節的目的是展示常用的變革管理活動，如溝通、輔導、培訓、倡議和阻力管理以及與這些活動應產出的目的或目標的一致性。ADKAR 模型為這些變革管理活動提供了一個以目標為導向的架構。

建立認知

1.　建立有效和目標導向的**溝通**，以分享變革的業務原因和不變革的風險。

2.　在組織適當的層級有效的**倡議（領導）**變革；分享為什麼需要變革以及變革如何與整體企業方向和願景保持一致。

3.　讓經理和主管在變革期間能成為有力的**教練**；讓他們做

好管理變革的準備，並幫助他們強化員工對認知的訊息。

4. 讓員工可以**隨時取得**業務資訊。

建立渴望

1. 使企業領導人能夠有效的**倡議**變革；在組織內的關鍵層級建立一個**倡議聯盟**。

2. 培養**經理和主管**成為有效的變革領導人；使他們具備管理阻力的能力。

3. 評估變革相關的**風險**並設計特殊策略來應對這些風險。

4. 盡可能在變革的最初期階段讓**員工參與**變革過程。

5. **調整激勵和績效管理系統**以支持變革。

發展知識

1. 建置有效的**訓練**和教育計畫。

2. 在學習過程中，利用**工作輔助**來幫助員工。

3. 提供一對一的**輔導**。

4. 在同儕中建立**使用者群組**和論壇分享問題及經驗教訓。

培養能力

1. 讓**主管**在日常作業中參與。

2. 提供**主題專家的運用**。

3. 建置**績效監測**計畫。

4. 在培訓中提供**實作練習**，讓員工能夠練習他們所學習的知識。

鞏固變革

1. **慶祝**成功並實施表揚計畫

2. 為變革實施成功提供**獎勵**。

3. 蒐集員工的**回饋**。

4. 進行**稽核**和發展**績效衡量系統**；識別低採用率的根本原因並實施改正措施。

5. 在一般日常業務運營中建立**責任制度**。

圖 13-1 顯示對 ADKAR 模型的每個元素有貢獻的主要參與者和活動。

ADKAR 元素	誰？ 最具影響力的角色	如何做？ 最有影響力的活動
Awareness - 認知變革的必要性	主要發起人 （業務領導人）、 直接主管	倡議（領導）、溝通、輔導
Desire - 渴望去支持並參與變革	主要發起人、 倡議聯盟、 直接主管	倡議、輔導、阻力管理
Knowledge - 具備如何變革的知識	專案團隊、 培訓團隊、 人力資源部門	培訓、輔導
Ability - 具備實施新技能和行為的能力	直接主管、 專案團隊、 人力資源部門、 培訓團隊	輔導、培訓
Reinforcement - 鞏固以維持變革成果	主要發起人、 直接主管	倡議、輔導

圖 13-1 ADKAR 和變革管理活動的關係

129

第十四章
ADKAR 應用

ADKAR 是一個促進變革的模型。ADKAR 提供一個以目標為導向的架構幫助變革領導人更快、更徹底的實現他們的目標。這個模型包括以下的應用：

- 變革管理教學的學習工具，尤其用來分析成功和失敗的變革案例研究。

- 變革管理團隊用來評估變革管理計畫的準備程度和指導活動的工具。

- 經理和主管在變革中的輔導工具。

- 診斷進行中的變革並識別變革潛在障礙點的評估工具。

- 變革的計劃工具。

AKDAR 作為變革管理教學的工具

　　ADKAR 還可作為一個有用的變革管理教學工具。以下的案例說明如何使用 ADKAR 模型來引導課堂上的討論。

當柯林頓政府在 1990 年代嘗試對美國進行全國醫療保健改革時，大量的精力集中在發展「正確的」醫療保健計畫。數百個菁英為最終提案提供了意見和指導。儘管政策改革小組投入了精力和時間來準備最佳的改革計畫，這個變革還是失敗了。保羅・史塔（Paul Starr）在他的「醫療改革出現了什麼問題（What Happened to Health Care）？」文章中說道：

> …不只是柯林頓計畫失敗了，其他每一個提案，古柏（Cooper）、查費（Chafee）、莫因漢（Moynihan）、米歇爾（Mitchell）、古柏和葛蘭地（Cooper and Grandy）和主流團體計畫，僅提及最傑出的提案，建立共識的努力，都在國會中夭折。[1]

作為衛生政策小組的成員，史塔是這個故事的中心，他談到了民主黨和共和黨在推動醫療改革方面的政治手腕和政策，這些政策最初向前推進了醫療改革，但最終又不可逆轉的在柯林頓政府時期終止失敗了。

這個案例研究最有趣的地方在於失敗是因為支持逐漸消失，而非缺乏知識，最後所有的提案都失敗了，即使是來自國會兩黨的提案。原先的焦點集中在建立「正確」的改革計畫，然而失敗的原因卻是因為缺乏渴望，而不是缺乏對改革的知識。

史塔寫到，有兩個特別的因素可能影響人們對醫療改革的整體看法和情緒。第一，在柯林頓政府時期，醫療保健這個議題被其他優先事項所掩蓋，包括經濟以及在他任期初期獲得的預算批准。

　　和許多變革一樣，當缺乏倡議時，對變革必要性的認知和對變革的支持也會降低。

　　第二，醫療改革被貼上「柯林頓」計畫的標籤。史塔寫到：

此外，柯林頓將個人簽名放在醫療改革計畫上，這給了共和黨挫敗醫療改革並羞辱柯林頓的動機，而不是妥協。

　　最終，一部分被遊說的小型企業和醫療保險公司的支持也受到侵蝕，他們不僅抵制醫療改革計畫中的特定部分，而是普遍性的抵制這個變革。一場針對美國民眾的積極電視宣傳活動強化了這個變革的終結。

　　從 ADKAR 模型的背景來看，這個變革失敗是因為缺少渴望，而不是缺少變革的知識。史塔在文章的結論中說到 ─「對下一次醫療改革的經驗教訓是速度快一點，規模小一點」。

　　換句話說，你的變革規模不能大於你的倡議聯盟所能支持的規模，因為正是倡議聯盟和他們的活動促進了對變革的渴望。如果缺乏對變革的渴望，再多的知識也無法完成變革。

　　也有可能是政策改革團隊把認知和渴望混為一談。在對變革需求有非常高度的認知的情況下，一個常見的錯誤就是假設支持變革的渴望會隨之自動產生。很明顯的，雖然美國民眾非常清楚越來越多的民眾缺乏醫療保險，但對於廣泛而引人注目的醫療改革計畫的支持程度卻很低，以至於無法通過任何新法案。

　　從教育的角度來看，這個案例可以分為幾個區段來分析。ADKAR 讓變革管理的學生可以在知識和渴望之間做一個明確的劃分，並研究和討論認知到變革的必要性和渴望支持變革之間的細

微差別。作為教育的架構，ADKAR 將對話的重點放在變革成功所需的主要基石，不是像在課堂上漫無邊際、範圍的隨機討論，ADKAR 模型的每一個元素都可以被單獨討論。當結合了成功變革的分析，如「綠色」旅館的案例研究，變革管理的學生可以了解變革過程的動態。

用 ADKAR 協助組織變革管理規劃

應用變革管理的專案團隊通常會準備溝通計畫、倡議活動、培訓計畫、輔導計畫和其他變革管理活動。ADKAR 模型可以作為評估這些計畫的完整性和潛在影響的檢查表。

例如，假設你已經為你的專案準備了溝通計畫，計畫完成後，內容應包括你的關鍵訊息、事件時程表、每個事件的訊息發送機制和溝通訊息的「發送者」。如果完成對這個計畫的 ADKAR 模型第一個元素『認知』的評估，問題應該會包括：

- 你的溝通計畫中哪些元素包含了建立認知的計畫或活動？

- 你建立認知的關鍵訊息包括變革發生的原因、不變革的風險、建立變革需求的內部和外部的驅動力嗎？

- 這些認知訊息在整個溝通計畫中被強化了多少次？

- 認知訊息是不是由主要發起人發送的？

- 認知訊息是不是由員工的直接主管來強化的？

- 認知訊息只在專案初期發送，還是在整個實施過程中持續發送？

- 你將如何從員工那裡獲得回饋以確定他們對變革必要性的認知程度？

當變革管理團隊完成了所有的計畫，ADKAR 有助於確保活動以正確的順序發生，例如，培訓不能排除用來建立認知和渴望的溝通和倡議活動，假如這些活動順序混亂了，教育計畫就會因為學生還沒準備好要參與變革而失敗。

為了確保變革管理活動保持正確的順序，並且和員工準備情況保持一致，可以在過程中的不同階段進行檢查，例如，用來提高**認知**的溝通可以透過員工回饋來評估其有效性；用來建立**渴望**的倡議活動可以透過主管和員工的面談進行評估；用來建立**知識**的培訓計畫可以在培訓期間使用培訓回饋和評估工具進行評估。圖 14-1 顯示了回饋工具的案例，這可以用來確定 ADKAR 模型每個目標的進度，這個過程讓專案團隊能夠在整個過程中蒐集回饋，並確保變革管理活動取得預期的成果。

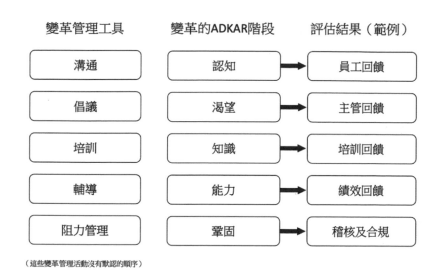

變革管理工具	變革的ADKAR階段	評估結果（範例）
溝通	認知 ➡	員工回饋
倡議	渴望 ➡	主管回饋
培訓	知識 ➡	培訓回饋
輔導	能力 ➡	績效回饋
阻力管理	鞏固 ➡	稽核及合規

（這些變革管理活動沒有默認的順序）

圖 14 - 1 評估變革管理活動的結果

我經常鼓勵團隊像使用試金石一樣使用 ADKAR。將這個模型應用到你已經完成的計畫並問自己：我們的計畫會為成功的變革建立必要的基石嗎？經由這個過程，團隊可以改進和引導他們的變革管理工作，接著蒐集員工和主管的回饋，並評估你的變革管理活動是否實現了預期的目標。

ADKAR 作為經理和主管的輔導工具

經理和主管在變革過程中可以使用 ADKAR 作為輔導員工的工具。細想主管對於員工所扮演的多重角色，包括：

- 溝通者－員工的資訊管道

- 問題解決者和輔導者 － 尋求幫助和指導的地方

- 老師和導師－知識和經驗的來源

- 倡導者－表揚和讚賞的發言人

使用 ADKAR 模型，經理和主管可以使用這些相同的角色來管理變革。例如，在變革的初期階段，管理者是溝通者，這個角色中，管理者建立對變革必要性的**認知**，並強化高階發起人所傳遞的訊息。這包括為什麼變革正在發生、變革對員工有什麼影響以及不變革的風險。通過一對一的對談，管理者幫助員工將關於變革的無數訊息轉化成對他們有意義的術語。

當變革接近實施時，管理者是問題解決者和教練，這些角色有助於建立員工支持變革的**渴望**。他們幫助員工釐清變革對個人和工作層面上的影響，員工會有關於「對我有什麼影響（WIIFM）」及變革將如何影響他們工作的未解決問題；他們對變革可能有需要主管協助的個人障礙；某些情況下，員工還會抵制變革。主管在管理變革阻力時是處於「前線」，管理者擔負的輔導者角色會直接影響員工支持和參與變革的渴望。

在實施期間，管理者是老師和導師，即使有最好的培訓計畫，在工作上應用新工具、流程和工作角色時仍需要持續的指導和引導。管理者在這個角色上為員工建立如何變革的**知識**。當員工從事日常工作時，差距就會變明顯，第一次嘗試知識時並不總能轉化成**能力**，員工需要一個能讓他們練習並安全犯錯的環境，

管理者要創造一個讓員工可以培養新技能和能力的工作場所。

最後，管理者是對員工的倡導者。在變革過程中，主管和經理扮演表揚和獎勵員工的努力和貢獻的關鍵角色。這些對員工的表揚和獎勵**鞏固**了變革，讓變革得以在組織中持續。

許多有效的管理者每天扮演這些角色，當他們被教導如何使用 ADKAR 作為變革管理工具時，他們就培養了領導變革的能力。

ADKAR 作為變革進行中的評估工具

對於進行中的變革，ADKAR 可以用來評估進度和診斷變革管理計畫中的差距。組織範圍內的 ADKAR 評估幫助公司了解障礙點和辨識差距，這些評估通常有兩個關鍵維度。首先，讓員工評估他們在 ADKAR 模型中每個元素的位置。其次，員工可以在評估中表達他們當前的觀點。

圖 14-2 顯示了一個評估的範例。ADKAR 評估的結構通常包括六個問題領域，第一個問題是關於變革本身，這個評估由一個關於變革的問題開始，是因為許多員工被誤導了變革的本質和變革如何影響他們，導致他們對變革的很多看法是基於錯誤的資訊或片斷的訊息而有了謠言和錯誤訊息。

剩餘的五個問題遵循 ADKAR 模型。這些評估可以利用紙本的 ADKAR 工作表或是網頁的評估工具來完成，這個評估工具通常會附加蒐集組織名稱、工作性質或層級等資訊。大多數情況下，評估是採用匿名方式進行。

ADKAR® 評估

簡單描述在您的工作場所正在實施的變革。總結這個變革的關鍵要素。

1. 描述您對變革必要性的認知。是什麼業務、客戶或競爭對手的議題創造了變革需求？（寫下回答）

回顧這些原因，並問自己對這個變革的所有業務原因的認知和理解程度如何？按照1到5的等級給予評分。

A ☐ 評分 1-5

2. 列出與這個變革相關的、影響您對變革的渴望的激勵因素或後果（不論好壞），包括令人信服的支持變革的理由和反對變革的具體意見。（寫下回答）

考慮這些激勵因素和可能的反對意見。評估您渴望變革的程度。按照1到5的等級給予評分。

D ☐ 評分 1-5

3. 列出在過渡期間和過渡完成之後，支持這個變革所需的技能和知識。（寫下回答）

您清楚和瞭解所需的技能和知識嗎？您接受過這些領域的培訓和教育嗎？按照1到5的等級給予評分。

K ☐ 評分 1-5

4. 考量前述的技能和知識，評估您實施這個變革的整體能力，您預見到什麼樣的挑戰？哪些障礙抑制了組織實現這個變革的能力？（寫下回答）

您在實施和這個變革相關的新技能、知識和行為的能力達到什麼程度？按照1到5的等級給予評分。

A ☐ 評分 1-5

5. 列出在您的組織中可以幫助維持變革成果的鞏固措施。有什麼激勵措施可以幫助維持變革成果？有什麼不支持變革的動機？（寫下回答）

支持和維持變革的鞏固措施到位的程度有多大？按照1到5的等級給予評分。

R ☐ 評分 1-5

圖14-2 ADKAR 評估

從 ADKAR 評估中可以得到兩個結果：

· 整個群體對於變革的障礙點

· 可以幫助解決關鍵障礙的具體細節

例如，在對一個正在進行重大重組的服務機構的大型評估中，ADKAR 評估顯示超過 51% 的員工對為什麼需要進行變革的認知程度是處於中低水平的；將近一半的員工渴望支持變革的程度僅為中到低的水準。這些資料是按功能群組區分，這讓變革管理團隊能夠識別每個功能群組的障礙點。

其次，從員工的回答中一字不差的提取具體訊息，資料清楚的指出哪些特定區域的變革管理過程已經出現了問題。管理者發現有關認知部分所缺少的訊息，同時他們更加了解員工的具體反對意見，有了這些新的資訊，主要發起人和領導團隊就能解決這些問題。

ADKAR 評估的資料可以依功能、區域或公司的層級區分，不同數據統計切割可以幫助變革管理團隊識別障礙，並將精力集中在正確的區域。因為不是每個群體都以相同的速度進行變革，這種按群體分析的方式為專案團隊提供了關鍵的指引。

ADKAR 作為一個變革的計劃工具

ADKAR 可以作為個人在工作簡報和會議中推廣想法的計劃工具，例如，在準備會議或撰寫電子郵件來提出新構想時，可以考

應用 ADKAR 模型來架構內容的順序。首先考量哪些因素會增加受眾對變革需求的認知，以此為基礎；再想想這個群體有哪些痛點，什麼可以激勵他們接受你的想法並建立對變革的渴望；然後考慮需要哪些知識才能讓這個群體知道如何變革；在應對能力問題時，要預期潛在的障礙並主動解決這些問題；考慮可以採取什麼行動來鞏固變革。以這個方法用 ADKAR 的來促成新構想或推進議程時，會產生更快的採用率和更能接受你的努力。

接下來提供的 ADKAR 分析工作表是一個練習的例子，規劃團隊可以用來引導他們的工作。

ADKAR 分析工作表

目的：為了引導溝通計畫、發起人（倡議）路線圖、輔導計畫、
　　　培訓計畫和阻力管理計畫的開發。

認知

- 為什麼現在要進行變革以及不變革的風險是什麼？

- 目前對變革需求的認知程度是什麼？

- 建立認知會是簡單還是困難的？為什麼？

渴望

- 支持這個變革的動機是什麼 (什麼會引起某些人支持這個變革)？

- 這個變革的反對力量是什麼？(什麼會引起某些人反對這個變革)？
- 你預期這個變革會得到支持或是抵制？為什麼？

知識

- 列出支持這個變革所需要的知識、技能和行為。
- 知識、技能和行為的差距是大或小？

能力

- 考量這個變革所需要的技能和知識，員工要成功實施變革所面臨的潛在挑戰是什麼？
- 什麼障礙可能阻礙你的組織實施變革？

鞏固

- 需要什麼樣的鞏固措施來維持變革成果？
- 什麼組織特性可能導致變革無法維持？

結論

為了實施和維持變革，每個員工都必須達成 ADKAR 模型的五個元素或目標。這些元素組成了成功變革的基石：

1. **認知**到變革的必要性（Awareness）

2. **渴望**支持並參與變革（Desire）

3. 具備如何變革的**知識**（Knowledge）

4. 具備實施新技能和行為的**能力**（Ability）

5. **鞏固**以維持變革成果（Reinforcement）

　　一旦 ADKAR 觀點紮根在你分析變革的流程中，你可以輕鬆的將其應用到任何的情境。你可以開發一個「新透鏡」來觀察和影響變革；你可能在你的公立學校系統或小型城市的議會進行變革工作；在工作上你可能在你的部門倡議變革；你可能正在觀察政府機構的最高層正嘗試進行的大型變革；或你正在領導一個企業級別的變革專案。ADKAR 模型支持的視角讓你能以新的方式看待變革，你可以開始看到障礙點並找到可以推進你的變革的方法。

　　在將 ADKAR 應用在企業、政府機構和當地社群超過 10 年之後，我已經觀察到「燈泡（新構想）」一次又一次的亮起。這個簡單的模型讓業務管理者能將變革視為一個過程。

　　我接過最好的一通電話是一位業務管理者打來的，他是我以前課程中的一位學生，他在電話中說到：「我以前認為這個模型太簡單以至於無法應用」。

　　從他一開始的評論我無法確定這個電話的來意，但是在我還沒來得及問之前，他繼續說道：「但是今天我的辦公室有一位員工正在為了公司的一個變革掙扎著，他是一位有價值的員工，而我想做正確的事，但發現自己不知所措。我低頭看著小鉛筆盒上面

印著 ADKAR 模型，我心想，我們為什麼不試試看呢。」

　　他停頓了一會兒，讓我對會議的結果有些焦慮。他沒告訴我細節，只是說：「這就是我打電話給你的原因，我只是要感謝您，因為這麼做真的有效。我只是想讓你知道」。

參考資料

第二章

1. NRET Theme Papers on Implementing Codes of Practice in the Fresh Produce Industry, http://www.nri.org/NRET/overview.htm, 2002.

2. Best Practices in Change Management report，Prosci，2005.

3. Keys, C. Creating an awareness of Hazards: Some NSW Examples relating to Floods and Storms, paper presented to the Conference on Atmospheric Hazards: Process, awareness and Response, University of Queensland, Brisbane, 1995.

4. Kastelic, J. and Posch, K. Marketing Park Pricing Incentives for Low Emission Vehicles, presented at European Conference on Mobility Management, 2004.

5. Dell Sees Green In EPA Computer, Recycling Pact, http://news.com.com/Dell+sees+green+in+EPA+computer,+recycling+pact/2100-1003_3-5179278.html, 2004.

6. Kirton. M.J. Adaption-Innovation, Psychology Press, 2003.

7. Best Practices in Change Management report. Prosci. 2003.

第三章

1. Author's note: The expectation that a person has that they will be success- ful with a change，combined with his or her unique intrinsic motivators, is referred to as Expectancy Theory. More information can be found in Victor H. Vroom's book titled Work and Motivation, Jossey-Bass Publishers, 1995.

第六章

1. Motivating Call Center Agents, Call Center Learning Center, Prosci, 2004.

第七章

1. Bartlett, R. Our Dependence on Oil，
   http://www.energybulletin.net/5519.html, 2005.

2. Set America Free: Cut dependence on foreign oil,
   http://www.setamericafree. org/openletter.htm

3. Author's note: Remarks by Chairman Alan Greenspan before the Japan Business Federation, the Japan Chamber of Commerce and Industry, and the Japan Association of Corporate Executives, Tokyo, Japan, October 17, 2005,
   http://www.federalreserve.gov/BoardDocs/Speeches/2005/200510 17/ default.htm

第八章

1.　Author's note: Prosci is the sponsor of the Change Management Learning Center. More information on this study of sponsor roles can be found at www.change-management.com or in the 2005 report, Best Practices in Change Management.

2.　Best Practices in Change Management report, Prosci, 2005.

第九章

1.　Goleman, D. et al. Primal Leadership: Learning to Lead with Emotional Intelligence，Harvard Business School Press,2004.

2.　Best Practices in Change Management report (411 participating organizations), Prosci, 2005.

3.　Johnson, S. Who Moved My Cheese？ Putnam, 1998.

4.　Best Practices in Change Management report, Prosci, 2005.

第十章

1.　Knowles, Malcolm S. The Modern Practice of Adult Education, Prentice Hall/Cambridge, 1980.

2.　Pike, Robert W. Creative Training Techniques Handbook, HRD Press, 2003.

3.　Merriam, Sharan B. and Caffarella, Rosemary S. Learning in

Adulthood, Jossey-Bass Publishers, 1999.

第十四章

1.   What Happened to Health Care Reform？,
     http://www.princeton.edu/~starr/ 20starr.html

　　傑夫・海亞特（Jeff Hiatt）是 Prosci 研究中心的總裁也是變革管理中心的創辦
人。他是《員工在變革中的生存手冊》這本書的作者以及 《變革管理：人員方面
的變革》的合著者 。傑夫在 1985 到 1995 年間是一個在貝爾實驗室技術幕僚的傑
出的成員，他在那時候合著《用品質取勝－一個企業的故事》一書，這是敘述
AT&T 的一個產品部門商業和品質改進的書。在 1996 年，傑夫創立 Prosci 公司，
他領導的變革管理研究案超過 900 家企業遍佈全世界 59 個國家。他也是一位常被
邀請對高階管理團隊和研討會演講的常客。

國家圖書館出版品預行編目（CIP）資料

ADKAR：一個應用在企業、政府與我們社群的變革模型：如何在我們個人生活及職業生涯中成功的實施變革/傑夫海亞特（Jeffrey M. Hiatt）作；高裕翔譯. – 初版. – 桃園市：華茂科技股份有限公司, 2022.11

面；　公分

譯自：ADKAR：a model for change in business, government, and our community

ISBN 978-626-95769-0-6（平裝）

1.CST：組織變遷 2.CST：組織管理 3.CST：領導

494.2　　　　　　　　　　111001345